普通高等学校计算机教育"十三五"规划教材

计算机基础与应用实训教程

黄晓波　王晓华　褚　梅　主　编

王丽丽　张　欣　张　瑜　负永刚　彭春美　副主编

U0316815

中国铁道出版社有限公司

CHINA RAILWAY PUBLISHING HOUSE CO., LTD.

内 容 简 介

本书分 4 部分：上机实训、理论知识习题集、Office 2010 办公软件操作技巧和全国计算机等级考试（二级 MS Office）高频考点。内容覆盖面广，既注重理论又突出实用性，力求使学习者通过本书的学习，达到"学得会"也"用得上"的目的，真正提高读者的计算机综合应用能力。

本书适合作为普通高等学校计算机公共课系列课程教材，也可作为计算机爱好者的自学参考书。

图书在版编目（CIP）数据

计算机基础与应用实训教程/黄晓波，王晓华，褚梅主编. —北京：
中国铁道出版社，2018.7（2019.8重印）
普通高等学校计算机教育"十三五"规划教材
ISBN 978-7-113-24470-5

Ⅰ.①计… Ⅱ.①黄… ②王… ③褚… Ⅲ.①电子计算机－高等
学校－教材 Ⅳ.①TP3

中国版本图书馆 CIP 数据核字（2018）第 095848 号

书　　名：计算机基础与应用实训教程
作　　者：黄晓波　王晓华　褚　梅　主编

策　　划：朱荣荣　　　　　　　　　　读者热线：（010）63550836
责任编辑：朱荣荣　冯彩茹
封面设计：刘　颖
责任校对：张玉华
责任印制：郭向伟

出版发行：中国铁道出版社有限公司（100054，北京市西城区右安门西街8号）
网　　址：http://www.tdpress.com/51eds/
印　　刷：三河市航远印刷有限公司
版　　次：2018年7月第1版　　2019年8月第2次印刷
开　　本：787 mm×1 092 mm　1/16　印张：11　字数：253 千
书　　号：ISBN 978-7-113-24470-5
定　　价：34.80 元

随着社会的进步和计算机技术的飞速发展，计算机应用领域不断扩大，计算机已经成为社会各行各业的一个重要工具。为了进一步满足新时期计算机课程的教学需求，也为了解决教学方式枯燥及教学内容与实践相脱节的问题，根据教学实践情况，特编写了本书。

本书打破了传统的按部就班讲解知识点的模式，以"学以致用"为出发点，全书贯穿了丰富的实例，系统、全面地讲解了操作系统、办公软件、视频和图像处理及网络的相关应用技能。本书从读者的实际出发，重实际应用，强调理论适度，力求使学习者通过本书的学习，能够真正达到"学得会"也"用得上"的目的。

【第1部分：上机实训】

第1章是计算机基础知识，包括3个任务，需要掌握计算机的数制转换，并熟练掌握计算机的系统组成及工作原理。第2章是 Windows 7 操作系统，包括4个任务，主要讲解了 Windows 7 的基本操作、系统设置、资源管理及附件应用。第3章是 Word 2010 文字处理，包括6个任务，主要讲解了文档的基本操作、文本输入与编辑、格式编排、图文混排、页面设置、制作表格、邮件合并、文档审阅等知识。第4章是 Excel 2010 电子表格，包括7个任务，主要讲解了电子表格的创建、数据输入与编辑、工作表美化、公式与函数、数据分析等知识。第5章是 PowerPoint 2010 演示文稿，包括6个任务，主要讲解了静态演示文稿、动态演示文稿的创建及输出、放映。第6章是会声会影视频编辑，包括1个任务，主要讲解了会声会影视频编辑的制作流程、视频的编辑技巧、特效的添加及渲染输出等知识。第7章是 Photoshop CS5 图像处理，包括2个任务，主要讲解了关于 Photoshop 图像处理的基本概念、图像文件的创建、图层、选区、工具箱工具的使用技巧、蒙版、通道等知识。第8章是计算机网络与 Internet，包括7个任务，主要讲解网络设置、网络应用及网络安全等相关知识。值得说明的是，每个项目的编写只给出了实训要求，目的是使学生能够检测自己对软件操作的掌握程度，以便更好地进行独立操作的训练。

【第2部分：理论知识习题集】

习题集部分均分为单项选择题、填空题、判断题和问答题4种类型，基本涵盖了主教材《计算机基础与应用》（王晓华、黄晓波、褚梅主编，中国铁道出版社出版）的基础知识点和基本操作，有利于学生检查知识点的掌握及操作能力。

【第3部分：Office 2010 办公软件操作技巧】

为了更好地提高计算机的操作效率，特将 Word、Excel、PowerPoint 应用软件的使用技巧进行了分类提练，以便学生有针对性地查阅和扩展自身的知识点。

【第 4 部分：全国计算机等级考试二级 MS Office 高频考点】

为了使学生顺利通过全国计算机等级考试（二级 MS Office），特将高频考点总结归纳出来，以便更好地供学生参考并查漏补缺。

本书由黄晓波、王晓华、褚梅任主编，王丽丽、张欣、张瑜、贠永刚、彭春美任副主编。参加部分章节内容编写和校对工作的还有王鹏、赵德方、耿红梅、郭广楠、白璐等。全书由王晓华和黄晓波统稿。

由于编者水平有限，加之时间仓促，书中难免存在疏漏和不足之处，敬请读者提出宝贵意见。

编　者

2018 年 3 月

本书内容说明

【内容安排】

为了适应当前教育教学改革的要求，本书在编写过程中采用了"任务驱动"的教学理念，以任务牵引知识点，形成"提出任务—课堂训练—掌握相关知识和技能—完成任务—课后练习巩固"的教材编写逻辑，以适应任务驱动的"教、学、做"一体化的课堂教学组织要求。

教学中"以学生为中心"，提倡教员做"启发者"与"咨询者"，培养学生的自主学习能力，调动学生的学习积极性，同时努力培养学生的信息素养与职业素养。

本书编写的目标是：让学生在最短的时间内掌握计算机的相关技术，并能在实践中应用，从而避免枯燥的讲解，让学生学得轻松，教师教得愉快。

【本书特色】

（1）学以致用。本书摒弃了脱离实际应用的单纯软件知识的讲解，以实例讲解为主，使学生在学会软件的同时能够快速提高实际应用能力和实战经验。

（2）实训丰富。书中实训均以学生实际应用为出发点，通过实训使学生更好地做到实践与应用相结合、课内与课外相结合，从而使学习者能够轻松理解所学内容，并能活学活用。

（3）紧扣考点。本书紧扣全国计算机等级考试（二级 MS Office）大纲和计算机基础教学大纲的要求，联系各院校计算机基础教学的实际情况，突出以应用为核心、以培养实际动手能力为重点的理念。

（4）配套资源。为了方便学生学习时能够做到同步练习，本书配有所有实训的素材文件和最终文件，使学习更轻松、高效。

扫二维码查看相关素材和效果图。

教材第一部分课时分配建议

第1章　计算机基础知识	1. 计算机系统组成及工作原理		4 学时
	2. 数制的基本概念及转换		
第2章　Windows 7 操作系统	1. Windows 7 基本操作		6 学时
	2. 文件资源管理		
	3. 系统环境设置		
	4. 常用附件工具		
第3章　Word 2010 文字处理	1. 文档的基本排版		14 学时
	2. 文档的图文混排		
	3. 表格的插入及排序、计算		
	4. 邮件合并及生成		
	5. 文档的高级排版		
第4章　Excel 2010 电子表格	1. 基本操作及输入技巧		10 学时
	2. 对象元素的插入及设置		
	3. 公式及函数的应用		
	4. 数据的排序及筛选		
	5. 分类汇总及图表的应用		
第5章　Power Point 2010 演示文稿	1. 演示文稿的基本操作		10 学时
	2. 演示文稿的外观设计		
	3. 对象元素的插入及设置		
	4. 动画效果的添加及设置		
	5. 演示文稿的放映及输出		
第6章　会声会影视频编辑	1. 视频编辑基础知识		6 学时
	2. 视频编辑基本技能		
第7章　Photoshop 图像处理	1. 图像处理基础知识		6 学时
	2. 图像处理基本技能		
第8章　计算机网络与 Internet	1. 网络设置		4 学时
	2. 网络应用		
	3. 病毒防治		
合　　计			60 学时

目录

第 1 部分　上 机 实 训

第 2 部分　理论知识习题集

第 3 部分　Office 2010 办公软件操作技巧

第 4 部分　全国计算机等级考试（二级 MS Office）高频考点

第❶部分

上 机 实 训

第 **1** 章

计算机基础知识

【导读】

从世界上第一台计算机诞生至今，人类与计算机的联系越来越密切，特别是进入 21 世纪以后，计算机工业的发展更是日新月异，随着互联网的普及和网络技术的不断发展，计算机技术渗透到了人们的工作、学习、生活、娱乐的方方面面，对人们的工作方式、生活方式和思维方式都产生了极为深远的影响，因此，学习使用计算机已成为现代社会对每一个人的基本要求。而了解和掌握必备的计算机基础知识，既是学习计算机的初级内容，也是深入学习计算机的基础。本章是从计算机的发展历程开始，主要介绍计算机的基础知识和理论，相关内容对学习者深入理解计算机有着极其重要的帮助作用。

任务 1　主 题 概 括

通过任务 1 的学习，能够对计算机的基础知识有总体的概括能力。

从以下主题中选择其一进行论述，不拘泥于书本，但可查阅相关资料，字数在 600 字以上，要有自己的见解。

1. 浅谈计算机的发展史。

_____

_____

_____

_____

_____

2. 浅谈计算机的特点及应用。

_____

_____

_____

_____

_____

任务 2　思维导图的运用

通过任务 2 的学习，要求对计算机的系统组成熟练掌握并了然于心。

请使用思维导图的形式绘制出计算机的系统组成框图，可参考教科书，但不可抄袭。

_____

_____

_____

_____

_____

_____

_____

_____

_____

_____

_____

_____

_____

任务 3　数　制　转　换

通过任务 3 的学习，掌握十进制数与非十进制数之间、非十进制数之间的相互转换方法。

完成以下进制转换，请给出具体的计算过程。

1. $(1011001)_2 = ($　　　　　　　　　　$)_{10}$。

_____

_____

_____

_____

2. $(96)_{10} = ($　　　　　　　$)_2$。

_____

_____

_____

_____

3. $(142)_8 = ($ $)_{16}$。

4. $(ABC)_{16} = ($ $)_{10}$。

5. $(2009)_{10} = ($ $)_8$。

【课后笔记】

第 2 章

Windows 7 操作系统

【导读】

操作系统是管理控制计算机软硬件资源的核心软件，也是供人和计算机交换信息的操作界面，Windows 因其友好的用户界面使其面世之初就赢得了多数用户的欢迎，逐渐占领了微机操作系统的市场，Windows 7 继承了以前 Windows 的优点，更在系统特色上下足了工夫。

强化了易用性：Windows 7 做了许多方便用户的设计，如快速最大化、窗口半屏显示、跳转列表等。

加快了启动速度：Windows 7 大幅缩减了 Windows 的启动时间。

提高了安全性：Windows 7 改进了安全和功能合法性，还把数据保护和管理扩展到外围设备，Windows 7 改进了基于角色的计算方案和用户账户管理，在数据保护和兼顾协作的固有冲突之间搭建沟通桥梁。

增加了华丽特效：Windows 7 的 Aero 效果华丽，有碰撞效果、水滴效果，还有丰富的桌面小工具。

本章对 Windows 7 进行了详细的操作设置，介于学生操作水平的不同，请先完成每个任务的基础知识操作部分，在时间允许的情况下再将扩展知识操作部分进行学习。

任务 1　基 本 操 作

素材文件位置：	素材文件\第 2 章　Windows 7 操作系统\任务 1　基本操作
最终文件位置：	最终文件\第 2 章　Windows 7 操作系统\实训解析

实训目标

1. 掌握桌面的组成、显示、排列、快捷方式、删除等相关操作。
2. 掌握【开始】菜单的组成及相关设置等操作。
3. 掌握任务栏的锁定、自定义及通知区域等相关操作。
4. 掌握窗口的打开、组成、移动、切换、层叠等相关操作。

实训过程

基本操作

1. 在桌面上创建 Word 2010 应用程序的快捷方式。

2. 将桌面上的图标以"项目类型"的方式进行排序。

3. 将桌面上的【回收站】拖放到屏幕的右上角。

4. 将桌面上的所有图标进行隐藏，然后再次显示出来。

5. 设置【回收站】属性，使其在删除文件时不显示"删除确认对话框"。

6. 右击 IE 浏览器的快捷方式图标，选择【属性】命令，查看应用程序所在的位置。

7. 将【开始】菜单设置为【不显示最近打开的应用程序】。

8. 将 Excel 2010 应用程序快捷方式添加到【开始】菜单的【固定列表】中。

9. 将 PowerPoint 2010 应用程序快捷方式添加到【跳转列表】中，然后将任务栏进行解锁。

10. 将任务栏的位置设置成停靠在桌面右侧，然后再将其隐藏。

11. 将"地址工具栏"添加到任务栏中，并使用"地址栏"快速定位到 D 盘盘符。

12. 将通知区的【网络】和【音量】图标设置为"隐藏图标和通知"。

13. 依次打开【计算机】和【控制面板】窗口并进行窗口之间的切换。

14. 打开【计算机】和【回收站】窗口，并将其设置为"堆叠显示窗口"。

15. 打开【计算机】窗口，将"菜单栏"显示出来，并将当前窗格以"显示预览窗格"的模式查看文件。

16. 打开【计算机】窗口，设置窗口为"最大化"，再使用【Alt+F4】组合键将当前窗口进行关闭。

扩展操作

1. 利用快捷键的方式启动【任务管理器】对话框。

2. 请将 D 盘空间设置为"不将文件移到回收站中，移除文件后立即将其删除"。

3. 将 D 盘盘符设置为桌面上的快捷方式，并打开 D 盘快捷方式查看相关文件。

4. 取消【开始】菜单中【突出显示新安装的程序】这一功能。

5. 设置【开始】菜单中【常用程序列表】的数目为 5 个。

6. 将【跳转列表】中 PowerPoint 2010 应用程序图标进行解锁。

7. 将 Word 2010 设置为随机启动项。

8. 安装"飞 Q"应用程序，并在【启动项】中设置开机时不自动运行。

任务 2   资 源 管 理

素材文件位置：	素材文件\第 2 章 Windows 7 操作系统\任务 2 资源管理
最终文件位置：	最终文件\第 2 章 Windows 7 操作系统\实训解析

实训目标

1. 掌握文件和文件夹的创建、命名、选择、移动、删除及还原等相关操作。

2. 掌握文件的查看、复制、隐藏、搜索、压缩、解压等相关操作。

3. 掌握文件操作的常用快捷键。

实训过程

基本操作

1. 打开"十二生肖"文件夹，并掌握文件的选择、连续选择、不连续选择、框选、全选、反选及取消选择的方法。

2．在 D 盘中创建一个文件夹并命名为包含字母、汉字、数字、特殊符号组合的名称。

3．打开【计算机】窗口，并把上一题在 D 盘中创建的文件夹移到 E 盘。

4．打开"十二生肖"文件夹，并以"大图标"的视图方式进行查看。

5．查看"十二生肖"文件夹的大小及其所包含的文件数量及其他属性。

6．连续选择"十二生肖"文件夹中的"1、2、3、4"四张图片，并将其批量重命名为"sx(1)、sx(2)、sx(3)、sx(4)"，然后再将文件夹中的图片按"名称"的视图方式进行排序。

7．在 D 盘盘符中创建以"模块二"命名的文件夹，并在"十二生肖"文件夹中不连续选择"5、7、9、11"四张图片并复制到 D 盘中的"模块二"文件夹中。

8．选择"十二生肖"文件夹中的"sx(1)图片"，并将该图片设置为"隐藏"，然后再将隐藏的图片显示出来并取消隐藏的属性设置。

9．选中 D 盘中"模块二"文件夹中的全部图片，并将其删除到【回收站】中，然后在"模块二"文件夹中创建一个命名为"十二生肖由来"的文本文档。

10．将【回收站】中的"5、7、9、11"四张图片还原到文件夹中。

11．永久删除在"模块二"文件夹中的"十二生肖由来"的文本文档。

12．搜索【控制面板】中【字体】文件夹中的"微软雅黑"字体，并将搜索后的字体保存在桌面上。

13．创建"十二生肖"文件夹的快捷方式到桌面上。

14．隐藏或显示"十二生肖"文件夹中所有图片的扩展名。

15．将"十二生肖"文件夹添加到任务栏，以方便查看。

16．将"十二生肖"文件夹打包成压缩文件。

扩展操作

1．在浏览文件夹时，将其设置为"在不同窗口中打开不同的文件夹"。

2．将 D 盘中"模块二"文件夹下所有文件在"平铺"视图模式下预览效果。

3．将"十二生肖"文件夹中的图片以"复选项"的方式进行选择。

4．将文本文件"信息安全"以"写字板"的方式打开，并设置为"始终使用选择的程序打开这种文件"。

5．设置打开文件或文件夹的方式为"通过单击打开项目"。

6．将"十二生肖"文件夹图标更改为 自定义类型。

7．将 D 盘卷标修改为"我的学习资源"。

8．将本地计算机中所有文件或文件夹的显示方式都指定为"中等图标"的方式查看。

任务3　系统设置

素材文件位置：	素材文件\第 2 章　Windows 7 操作系统\任务 3　系统设置
最终文件位置：	最终文件\第 2 章　Windows 7 操作系统\实训解析

实训目标

1．掌握主题、桌面背景、屏幕保护、分辨率、屏幕文字大小等相关知识。

2. 掌握应用程序、输入法、字体的安装及删除等相关方法。

3. 掌握控制面板常用属性的设置等相关知识。

4. 掌握计算机账户的添加及权限的设置等相关知识。

实训过程

基本操作

1. 将操作系统的"主题"设置为"自然"，并将下发的"风景.jpg"图片设置为桌面背景，图片位置为"填充"。

2. 设置"屏幕保护程序"为"三维文字"，并将文字修改为"不忘实心，方得始终"，字体为"微软雅黑"，动态效果设置为"摇摆式"，等待时间设置为"15 分钟"，并勾选"在恢复时显示登录屏幕"复选框。

3. 将屏幕分辨率先设置为"1024×768"，然后再设置为最高分辨率"，对比两种设置后的区别，并将屏幕刷新频率设置为"75 赫兹"。

4. 隐藏桌面上的【计算机】图标，然后将其显示出来。

5. 在【控制面板】窗口中设置光标的闪烁速度为"最快"，查看效果后再将其恢复。

6. 将鼠标设置为"显示指针轨迹"，并设置滚轮滚动一次为一个屏幕。

7. 查看本地计算机"驱动程序"的安装情况。

8. 安装"千千静听"应用程序，并欣赏音乐文件"夏天的风"，然后在控制面板中卸载"千千静听"应用程序。

9. 将语言栏中的"输入法"图标进行隐藏，然后再将其显示出来。

10. 安装"搜狗拼音"输入法，设置为"默认输入法"，并删除"微软"输入法。

11. 将"华康字体"文件夹中的字体文件安装到计算机中。

12. 创建一个新的账户并命名为"007"，将图片设置为"足球"，密码设置为123456。

13. 为账户"007"设置为"家长控制权限"，并设置"只能使用允许的程序"。

14. 将新创建的账户"007"进行删除。

15. 在【控制面板】窗口中设置日期和时间自动与 Internet 时间服务器同步。

16. 将计算机设置为"计算机从睡眠状态唤醒时，需要密码"启动，并设置计算机进入睡眠状态的时间为"1 小时"。

17. 更改屏幕上的文本或图标为"较大-150%"。

扩展操作

1. 自定义桌面主题，并进行保存。

2. 将"自动更换背景"文件夹中的图片设置为 Windows 7 自动更换背景的效果，时间间隔为"2 分钟"并"无序播放"。

3. 快速锁定计算机。

4. 将 E 盘驱动器的名称重命名为"我的学习资源"。

5. 修改计算机的虚拟内存位置为 E 盘盘符，并设置为"系统管理的大小"。

6. 将操作系统的登录声音设置为"Windows (女声).wav"声音文件。

任务 4　常用附件

素材文件位置：	素材文件\第 2 章　Windows 7 操作系统\任务 4　常用附件
最终文件位置：	最终文件\第 2 章　Windows 7 操作系统\实训解析

实训目标

1. 掌握附件中常用应用软件的应用。
2. 掌握附件中便利工具的应用。
3. 掌握常用快捷键和功能键的应用。

实训过程

基本操作

1. 打开附件中的"记事本"应用程序，输入图 2-1 所示的文本内容，命名为"文本 1.txt"，并保存在 D 盘中的"模块二"文件夹中。

> 信息发展至今日，互联网资源的双刃剑效应日渐凸显。来自网络的安全威胁日益严重，如病毒传播、网页/邮件挂马、黑客入侵、网络数据窃取，甚至系统内部泄密，已经使信息安全成为各行业信息化建设中的首要问题。最近网上报道的中国某军工科研所着艇科研项目资料被间谍网攻窃取的事件新闻，将信息安全话题又一次推到风口浪尖。

图 2-1　文本信息

2. 使用附件中的计算器，计算得出 $(1011001)_2=($　　　　　　　　$)_{10}$ 的结果。

3. 关闭所有应用程序和窗口，按【PrintScreen】截屏键，然后打开画图软件，粘贴截屏内容，命名为"桌面图片"，并保存在 D 盘"模块二"文件夹中，保存类型为 bmp 格式。

4. 使用画图软件绘制主题为"向日葵"的图片。

5. 启动附件中的"命令提示符"，若要在 D 盘中一次性创建多个文件夹，则输入"D:"并按【Enter】键，然后再输入"md A B C D"命令并按【Enter】键，打开 D 盘就可看到以 A、B、C、D 快速创建的 4 个空文件夹。

【提示】请将输入法切换到全英文状态。

6. 打开附件中的写字板软件，输入文本内容"计算机文化基础上机实训"，并设置字体为"隶书"、字号为"20"、加粗、对齐方式为"居中对齐"，按【Enter】键后再复制三次，为其添加"项目符号"，并命名为"文本 2.rtf"保存在 D 盘中的"模块二"文件夹中（请对比记事本与写字板软件的区别）。

7. 右击"超级快手叠杯子.wmv"视频文件，从弹出的快捷菜单中选择【打开方式】命令，使用 Windows Media Player 播放器进行观看。

8. 在桌面上创建"便笺"内容为：努力到无能为力，拼搏到感动自己！

9. 用"磁盘碎片整理程序"分析 C 盘是否需要整理，如果需要，请进行整理。

扩展操作

1. 使用"截图工具"截取桌面背景，并保存为 JPG 格式。

2. 请在桌面上添加"时钟"小工具。

3. 使用 bat 批处理的方法快速创建多个文件夹。

4. 使用【Win】键与其他组合键，并熟悉它们的作用。

【Win + E】（打开"计算机"窗口）	【Win + ↑】（最大化窗口）
【Win + R】（打开"运行"对话框）	【Win + ↓】（最小化窗口）
【Win + L】（快速锁屏）	【Win + ←】（最大化到窗口的左侧）
【Win + M】（最小化所有窗口）	【Win + →】（最小化到窗口的右侧）
【Win + Tab】（3D 切屏）	【Win + T】（切换任务栏上的应用程序）
【Win + D】（显示桌面）	【Win + F】（搜索文件）

5. 【Insert】键的作用是什么？

6. 【Print Screen SysRq】键的作用是什么？结合【Alt】键使用的作用是什么？

7. 【Home】和【End】键的作用是什么？结合【Ctrl】键使用的作用是什么？

8. 大小写锁定键的作用是什么？当输入英文时按住【Shift】键的作用是什么？

9. 【Tab】键的作用是什么？

10. 【F1】、【F2】、【F3】、【F5】键的作用是什么？

【课后笔记】

第 **3** 章
Word 2010 文字处理

【导读】

    Office 是目前最常用的一类办公软件，利用它可以解决日常工作环境中遇到的许多问题，熟练掌握 Office 的操作技巧是对计算机用户的基本要求。Word 是 Office 的重要组件之一，是目前世界上最流行的文字编辑软件。使用它可以编排出多种精美的文档，不仅能够制作常用的文本、信函、备忘录，还能利用定制的应用模板，如公文模板、档案模板等，快速制作专业、标准的文档。正是因为如此，Word 也成为必须掌握的重要办公工具之一。在全国计算机等级考试的 MS Office 项目中，Word 操作是占据分值比重最大的内容。

    本章所涉及的知识点是以"电子杂志俱乐部"的招募通知→宣传海报→个人简历→录取通知书→电子杂志→出勤统计表的制作为外在逻辑主线，并将基本排版→图文混排→编辑表格→邮件合并→高级排版→表格的排序及计算等知识点为内在逻辑主线贯穿其中进行讲解，真正做到了内外合一、环环相扣、便于理解、知识实用、突出操作等优势，其主要框架结构如图 3-1 所示。

	"电子杂志俱乐部"招募通知的制作	文档的基本排版
	"电子杂志俱乐部"宣传海报的制作	文档的图文混排
电子杂志俱乐部	"电子杂志俱乐部"个人简历的制作	表格的创建
	"电子杂志俱乐部"录取通知书的制作	邮件合并应用
	"电子杂志俱乐部"电子杂志的制作	文档的高级排版
	"电子杂志俱乐部"出勤统计表的制作	表格的排序及计算

图 3-1 "电子杂志俱乐部"主要框架结构

任务 1 "电子杂志俱乐部"招募通知的制作

素材文件位置：	素材文件\第 3 章 Word 2010 文字处理\任务 1 基本排版
最终文件位置：	最终文件\第 3 章 Word 2010 文字处理\任务 1 基本排版

 实训目标

1. 掌握文档的创建、保存、加密及关闭。

2. 熟悉 Word 的工作界面。

3. 掌握文档的页面设置、水印添加、边框及底纹等设置。

4. 熟练掌握文本内容的输入、选择、特殊符号的插入、字符及段落格式等设置。

实训效果

本任务的效果图如图 3-2 所示。

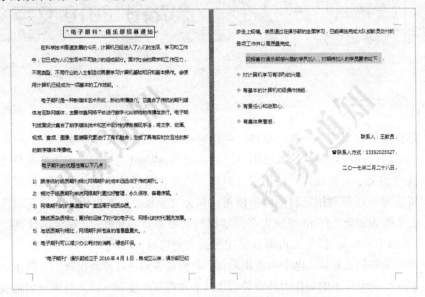

图 3-2 "电子杂志俱乐部"招募通知的效果图

实训过程

1. 创建文档。

（1）新建 Word 文档，命名为"招募通知.doc"，并保存在 E 盘根目录下。

（2）将"招募通知（源文件）.docx"以"文件中的文字"形式插入到当前文档中。

2. 为文档设置自动保存时间。将文档的自动保存时间间隔设置为 6 min。

3. 为文档加密。设置文档打开和修改密码为 123456。

4. 设置工作界面。

（1）请将【新建】、【打开】及【快速打印】命令添加到【快速访问工具栏】中。

（2）将功能区进行折叠并最大限度的显示出"文档编辑区"。

5. 页面设置。

（1）纸张大小：16 开（18.4 cm×26 cm）。

（2）纸张方向：纵向。

（3）页边距：上 2 cm×下 2 cm×左 2 cm×右 2 cm。

（4）自定义水印：设置为"文字水印"，文字内容为"招募通知"，语言为"中文"，字体为"方正大标宋简体（需安装）"，字号为"100"，颜色为"白色，背景 1，深色 15%"并设置为半透明，版式为"斜式"并设置为半透明。

【提示】当设置水印后，有时在文档的页眉处会出现一条横线，请使用"开始"选项卡中的"清除格式"命令将其删除。

6. 字符及段落格式设置。

（1）标题格式设置。微软雅黑，四号，加粗，居中对齐，字符间隔为"加宽2磅"，字体颜色为"黑色、文字1、淡色25%"，并为标题增加"字符边框"。

（2）正文格式设置。微软雅黑，小四号，两端对齐，首行缩进2个字符，行距1.5倍，段前/段后0.5行。

【提示】在设置字体为"微软雅黑"时，行距的精确设置需要取消选中【段落】对话框中的【如果定义了文档网格，则对齐到网格】复选框。

（3）增加底纹。为正文第10行的文本内容"电子杂志的优越性有以下几点："设置为黄色底纹。

（4）格式刷。使用【格式刷】工具将黄色底纹格式应用到正文第20行的文本内容"现招募对俱乐部感兴趣的学生加入，对期待加入的学生要求如下"的文本内容上。

【提示】请区分格式刷的单击与双击的不同用法。

（5）编号及项目符号。

为正文第11～16行的内容设置"1）2）3）…"编号形式并增加1次缩进量；为正文第21～24行的内容设置"◇"形式的项目符号；同时将编号、项目符号与文字之间的间距设置为0.5 cm。

7. 查找与替换。查找文档中的"期刊"并将其全部突出显示，再全部替换为"杂志"。

8. 调整文本位置。请将第二自然段的"第三句"移动到第二自然段的"第二句"前面。

9. 插入日期和时间。请在文档的结尾处另起一行并插入当前的日期，格式为"大写的年月日"，右对齐，并设置为"自动更新"，使用【格式刷】工具再将"联系人"与"联系人方式"文本内容设置为右对齐。

【提示】【Home】键可快速将光标移动到当前所在行的行首，【End】键可快速将光标移动到当前所在行的行尾，【Ctrl+Home】组合键可将光标快速移动到文档的起始处，【Ctrl+End】组合键可将光标快速移动到文档的结尾处。

10. 插入特殊符号。请在"联系人方式"前面添加特殊符号☎。

【提示】此处所插入的特殊符号在Wingdings选项中。

11. 将文本转换为图片。请将设置为"项目符号"的文本内容转换为图片格式（选择性粘贴）。

12. 隐藏文档中的段落和其他格式符号。

13. 请在"页面视图""阅读版式视图""Web版式视图""大纲视图"及"草稿"视图模式下查阅当前文档，并区别它们之间的不同。

14. 保存并退出当前文档。

【提示】请区分保存与另存为的不同。

15. 打开文档方式。以只读的方式打开"招募通知.doc"文档，任意更改其中内容，然后执行【另存为】操作保存修改后的文档，命名为"招募通知副本.doc"，退出当前应用程序。

【提示】以只读方式打开文档，并不是不允许对打开的文档进行编辑，而是在编辑后只能将编辑结果另行保存，从而使原文档不被修改。

任务 2 "电子杂志俱乐部"宣传海报的制作

素材文件位置：	素材文件\第 3 章　Word 2010 文字处理\任务 2　图文混排
最终文件位置：	最终文件\第 3 章　Word 2010 文字处理\任务 2　图文混排

实训目标

1．掌握页面布局、自定义纸张大小及边框的设置。
2．掌握各种对象元素的插入及属性设置。
3．熟练掌握对象元素的组合、对齐、叠放、大小、裁剪等设置。
4．掌握文本框链接的设置。

实训效果

本任务的效果图如图 3-3 所示。

图 3-3　"电子杂志俱乐部"宣传海报的效果图

![实训过程]

实训过程

1. 创建文档。新建 Word 文档，命名为"宣传海报.docx"，并保存在 E 盘根目录下。

2. 页面布局。

（1）纸张方向：纵向。

（2）纸张大小：自定义（宽 30 cm×高 40 cm）。

（3）页边距：上 1.5 cm×下 1.5 cm×左 1.5 cm×右 1.5 cm。

（4）页面颜色：白色，背景 1。

（5）页面边框：边框类型为"方框"，样式为"双实线"，颜色为"橙色，强调文字颜色 6，深色 50%"，宽度为"0.75 磅"，边距为"上 30 磅×下 30 磅×左 30 磅×右 30 磅"，如图 3-4 所示。

图 3-4 "页面边框"属性设置

3. 插入对象元素。

（1）插入渐变背景色。

① 插入矩形形状，大小与页面边框相同，无轮廓，渐变填充。

② 渐变填充的属性：类型为"线性"，角度为"90°"；渐变光圈 1 为"白色、背景 1"，位置为"34%"；渐变光圈 2 为"浅蓝"，位置为"100%"，透明度为"80%"，如图 3-5 所示。

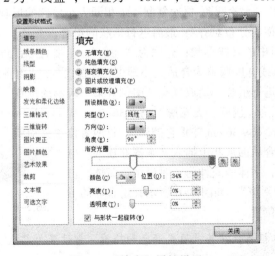

图 3-5 "填充"属性设置

（2）插入图片。

① 插入"图片1.jpg"，设置"浮于文字上方"，调整到合适大小，裁剪掉"图片上部分"多余部分，图片边框颜色为"白色、背景1、深色25%"，图片位置放置在图3-3所示的位置。

② 插入"图片2.jpg"，设置"浮于文字上方"，调整大小为高7 cm、宽14 cm，利用"设置透明色"命令去除图片背景色，设置图片"置于顶层"，图片位置放置在"图例效果"所示的位置。

【提示】在设置图片大小时，如果需要按照固定值设置大小，则需要取消"锁定纵横比"复选框。

（3）插入艺术字。

【提示】在任务2中插入的所有艺术字，艺术字样式均为"填充-红色，强调文字颜色2，粗糙棱台（艺术字样式最后一行的第三个）"。

① 插入艺术字"ECLECTRONIC JOURNALS"；艺术字样式为"填充-红色，强调文字颜色2，粗糙棱台（艺术字样式最后一行的第三个）"；字体属性为"时尚中黑简体，一号，加粗"；位置放置在图3-3所示的位置。

② 插入艺术字"电子杂志俱乐部"；字体属性为"时尚中黑简体，小初，加粗"；渐变填充的属性为"粉红（R：253/G：17/ B：208）到深绿（R：0/G：176/ B：80）渐变"；位置放置在图3-3所示的位置。

③ 插入艺术字"期待您的加入"；字体属性为"时尚中黑简体，30 号，加粗"；文本填充为"黄色"；文本轮廓为"橙色"；文本轮廓粗细为"0.5磅"；文本效果为"棱台-柔圆"；字符间距加宽为"6磅"，位置放置在图3-3所示的位置。

【提示】为了便于移动或编辑对象，可将以上对象元素进行排序后组合。

④ 插入艺术字"迎合时代需求，掌握前沿技术，高效完成任务"；字体属性为"时尚中黑简体，一号，加粗"；文本效果为"转换-跟随路径-上弯弧"；然后对艺术字边框进行调整，并放置在图3-3所示的位置。

（4）插入形状。

① 插入【箭头总汇】组中的 ≫ 形状；按住【Shift】键绘制出大小为0.64 cm*0.64 cm的燕尾形；属性设置为"红色，无轮廓"；再次复制4个相同大小属性的形状；连续选中5个形状并将对齐为"上下居中及横向分布对齐"，最后进行形状的组合。

② 插入"线条"组中的直线形状；轮廓为"红色"；粗细为"1 磅"；虚线为"方点"；箭头为"箭头样式10"；直线宽度调整为合适大小即可；将直线与上步绘制的燕尾形箭头进行"上下居中"对齐，并将其进行组合，请放置在"图例效果"所示的位置。

③ 插入的矩形属性为"浅蓝，无轮廓，高0.36 cm、宽11.43 cm；插入的梯形属性为"浅蓝，无轮廓，高1.1 cm、宽9.36 cm并垂直翻转，将两者位置移动到一起后并进行左右居中对齐再组合；然后再在组合后的形状上插入文本框并输入"电子杂志简介"文本内容，字体的属性为"时尚中黑简体，白色，28 号，加粗，居中对齐"，如图3-6所示，组合后的形状放置在图3-3所示的位置。

电子杂志简介

图3-6　矩形与梯形组合后的效果

【提示】插入的文本框属性将其"填充颜色和轮廓"都设置为"无"并居中对齐。

（5）插入 SmartArt 图形。插入"齿轮"图形；设置"浮于文字上方"；输入文本内容"高效、便捷、超强"；字体属性为"时尚中黑简体，14 号，黑色"；样式为"三维–砖块场景"；颜色为"彩色范围–强调文字颜色 5 至 6"；大小为 4.73 cm × 8.54 cm，放置在图 3-3 所示的位置。

【提示】在对"齿轮"图形进行属性设置时，要选中整个 SmartArt 图形，而不是选择其中的某个单独对象。

（6）插入表格。

① 参照图 3-7 所示插入 9 行 1 列的表格并输入相应文本内容，字体属性为"时尚中黑简体，三号，水平居中对齐"，表格样式为内置的"浅色网格–强调文字颜色 4"，内外边框设置为无。

【提示】如果想实现表格的任意位置移动，可将其嵌入到文本框中；为了实现效果的美观，可将文本框的属性设置为"填充颜色和轮廓"为"无"。

② 表格外围形状的绘制，是将圆、菱形、直线多个形状对象进行属性设置并对齐后组合编辑而成，参数值没有固定要求，可自行设置。

（7）插入剪贴画。在【剪贴画】任务窗格中搜索"人物"关键字，并将搜索后的"第一个剪贴画"插入到图 3-3 所示的位置处。

（8）插入文本框并创建超链接。

① 插入多个文本框并添加文本内容，并为文本框设置超链接进行版面的排列，请参照图 3-3 设置文本框的填充颜色轮廓效果及放置位置。

② 文本框内文本的段落格式设置为"时尚中黑简体、四号、两端对齐、首先缩进 2 字符、行间距 1.0 倍"。

4．另存为".pdf"格式并退出当前应用程序。

| |
|成本较低|
|容易传输|
|信息量大|
|方便管理|
|易地传输|
|减少耗材|
|永久保存|
|迎合时代|
|绿色环保|

图 3-7　插入表格

任务 3　"电子杂志俱乐部"个人简历的制作

素材文件位置：	素材文件\第 3 章　Word 2010 文字处理\任务 3　创建表格
最终文件位置：	最终文件\第 3 章　Word 2010 文字处理\任务 3　创建表格
视频文件位置：	视频文件\第 3 章　Word 2010 文字处理\任务 3　创建表格

实训目标

1．不规则表格的创建与设置。
2．表格内容的输入及属性设置。
3．文本方向的设置。
4．表格边框的设置。

实训效果

本任务的效果图如图 3-8 所示。

17

第 1 部分　上机实训

个人简历

姓　名		性　别	出生年月	
文化程序		政治面貌	健康状况	一寸相片
在读院校			专　业	
联系电话		电子邮件		
通信地址			邮政编码	
技能特长				

学历进修	时　间	学校名称	学　历	专　业
	主修课程			
	英语水平		计算机水平	

实践与实习	时　间	单　位	职　位	评　语

专业证书	名　称	主办单位	获取时间

获奖情况	荣誉称号	主办单位	获奖等级

个性特点（包括个性、工作态度、自我评价）	

图 3-8　"电子杂志俱乐部"个人简历效果图

实训过程

1. 创建文档。

新建"个人简历.docx"空白文档，保存在 E 盘根目录下。

2. 页面设置。纸张大小为"A4"，纸张方向为"纵向"，页边距为"普通"。

3. 输入标题。

（1）输入标题：个人简历。

（2）设置字体属性为"方正大标宋简体，小二，加粗，居中对齐"。

4. 创建表格。

（1）插入 1 列 ×24 行的表格。

（2）利用【表格工具】|【设计】选项卡中的【绘制表格】按钮，参照图 3-8 绘制表格中的竖线。

（3）利用【表格工具】|【设计】选项卡中的【擦除】按钮，参照图 3-8 擦除多余的线条部分。

【提示】第（2）和（3）步骤的操作也可以利用"插入行/列"并"合并或拆分单元格"的方法来创建不规则表格。

（4）当鼠标指针移到横线或竖线上变为双箭头时，按住鼠标左键移动，可调整行高或列宽至适当大小。

（5）在表格中输入文本内容，字体属性为"宋体，五号"。

（6）选中"学历进修""主修课程""实践与实习""专业证书""获奖情况"单元格，右键，在弹出的快捷菜单中选择"文字方向"→"垂直"命令。

（7）选中需要文本加粗的单元格，单击【B】按钮将文字进行加粗设置。

（8）选中整个表格，在【表格工具】|【布局】选项卡中将单元格对齐方式设置为"水平居中"。

（9）选中整个表格，为表格设置内框线宽度为0.5磅，外框线宽度为1.5磅。

5. 按【Ctrl+S】组合键对文档进行保存，双击工作界面左上角的应用程序图标退出当前文档的编辑。

任务4 "电子杂志俱乐部"录取通知书的制作

素材文件位置：	素材文件\第3章　Word 2010文字处理\任务4　邮件合并
最终文件位置：	最终文件\第3章　Word 2010文字处理\任务4　邮件合并

实训目标

1. 批量生成信封。
2. 创建主文档与数据源文件。
3. 合并文档。

实训效果

本任务的效果图如图3-9所示。

图3-9　"电子杂志俱乐部"录取通知书的效果图

实训过程

1. 制作信封。

（1）在【邮件】选项卡中利用向导创建"中文信封"，信封样式为"国内信封-ZL（230*120）"，根据已创建好的"联系人信息.xlsx"工作表批量生成多个信封，字体统一设置为"微软雅黑、四号"，如图3-9所示。

（2）命名为"录取通知书–信封.docx"，并保存在E盘根目录下。

2. 制作录取通知书的内容页，如图3-10和图3-11所示。

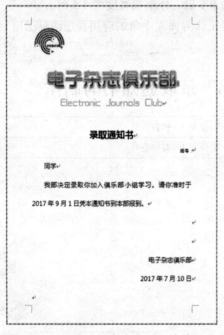

图3-10　"录取通知书内容页"效果图1　　　　图3-11　"录取通知书内容页"效果图2

（1）创建主文档。

① 新建文档，命名为"录取通知书–内容页.docx"，并保存在E盘根目录下。

② 页面设置。纸张大小为"A4"，纸张方向为"纵向"，页边距为"普通"。

③ 页面边框。页面边框属性设置如图3-12所示（边框颜色为"红色"）。

④ 插入图片。将"部标.jpg"图片插入到文档的左上角（嵌入型），大小设置为高2.8 cm、宽3.3 cm。

⑤ 插入艺术字。参照图3-10所示，输入艺术字"电子杂志俱乐部"，字体格式设置为"时尚中黑简体、48号、加粗、居中对齐"，渐变填充为"熊熊火焰"。

⑥ 插入文本框。参照图3-10所示，插入文本框并输入英文内容"Electronic Journals Club"，字体格式设置为"时尚中黑简体、小一、居中对齐、橙色"，文本框格式设置为"无填充颜色、无轮廓"；将插入的艺术字与文本框进行"左右居中"并组合。

⑦ 输入文本正文内容，参照图3-10所示，进行如下设置：

a. 将"录取通知书"文本设置为"微软雅黑"，二号、加粗、单倍行距、居中对齐。

b. 将"编号"文本设置为"微软雅黑"，五号、单倍行距、右对齐。

c. 将主文档正文内容输入完整，并设置为"微软雅黑"，三号、3倍行距、首行缩进2个字符、两端对齐；最后两行与正文空出一定间距后并设置为右对齐。

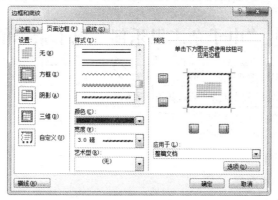

图 3-12 "页面边框"属性设置

（2）数据源编辑。

① 单击【邮件】选项卡中的【选择收件人】按钮，在打开的列表中单击【键入新列表】按钮。

② 弹出【新建地址列表】对话框，录入表 3-1 所示的数据信息。

表 3-1 【新建地址列表】对话框中的数据信息

编　号	姓　　名	俱乐部	小　　组
2017001	肖笑	电子杂志	图像编辑
2017002	李文龙	电子杂志	视频制作
2017003	高飞	电子杂志	音频处理
2017004	朱倩	电子杂志	动画制作
2017005	顾小西	电子杂志	排版设计

【提示】可在"新建地址列表"对话框中自定义列的字段名（添加或重命名）。

③ 输入完毕，单击【确定】按钮。在弹出的【保存通讯录】对话框中，指定保存文件的位置为"E盘"，并命名为"学生信息数据源"，然后单击【保存】按钮。

【提示】也可以先在 Excel 中创建好表 3-1 所示的数据信息，然后在【邮件】选项卡的【选择收件人】下拉列表中单击【使用现有列表】按钮。

（3）完成并合并。

① 将光标置于要插入的"编号"处，单击【邮件】选项卡【编写和插入域】组中的【插入合并域】下拉按钮，在打开的下拉列表中单击【编号】按钮。

② 用同样的方法将姓名、俱乐部、小组域插入到主文档中的相应位置。

③ 完成域的插入后，单击【邮件】选项卡【预览结果】组中的【预览结果】按钮对编辑进行预览。

④ 单击【邮件】选项卡【完成】组中【完成并合并】按钮，在打开的下拉列表中单击【编辑单个文档项】按钮。

⑤ 在弹出的【合并到新文档】对话框中选择【全部】选项，然后单击【确定】按钮，Word 将批量生成录取通知书的内容页。

3. 保存为"录取通知书–内容页.docx"，并保存在 E 盘根目录下。

任务 5 "电子杂志俱乐部"电子杂志的制作

素材文件位置：	素材文件\第 3 章　Word 2010 文字处理\任务 5　高级排版
最终文件位置：	最终文件\第 3 章　Word 2010 文字处理\任务 5　高级排版

 实训目标

1. 样式的编辑及应用。
2. 分栏及图片环绕的设置。
3. 分节符、页眉及页码的插入。
4. 封面、目录的生成及设置。
5. 脚注、尾注、题注的应用。

 实训效果

本任务的效果图如图 3–13 所示。

图 3–13　"内容页"效果图

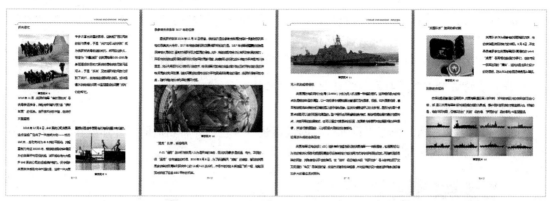

图 3-13 "内容页"效果图（续）

实训过程

1. 打开文档。打开"电子杂志（源文件）.docx"，重命名为"现代军事电子杂志.docx"，并保存在 E 盘根目下。

2. 页面设置。

（1）纸张大小：A4（21 cm×29.7 cm）

（2）页边距：适中

（3）纸张方向：纵向

3. 为当前文档设置"取消断字"。

【提示】在使用 Word 2010 编辑英文文档时，为了保持文档页面的整齐，可设置"取消断字"，在行尾的单词由于太长而无法完全放下时，会在适当的位置将该单词分成两部分，并在行尾使用短横线进行连接。

4. 设置及应用样式。

（1）修改正文样式，格式设置如下：

微软雅黑、小四号、左对齐、1.5 倍行距、首行缩进 2 个字符，取消"如果定义了文档网络，则对齐到网格"复选项。

（2）修改一级标题样式，格式设置如下：

微软雅黑、四号、加粗、暗红、两端对齐、1.5 倍行距、段前/段后 8 磅，取消"首行缩进"。

（3）新建样式，格式设置如下：

名称为"待用"，微软雅黑，小二号，加粗，黑色，右对齐，取消"首行缩进"。

【提示】"待用"样式将应用在前言和目录页的标题处。

5. 应用样式。单击已经设置过格式的样式，快速应用到当前文档中的相应位置处。

【提示】应用样式也可以使用格式刷进行样式的应用。

6. 分栏及图片环绕。

（1）设置前言页。

① 应用新建的"待用"样式。为文本标题"【PREFACE】前言"应用"待用"样式。

② 首字下沉。选择前言正文的第一个字"现"，设置为首字下沉，属性为"下沉 3 行，距正文 0.3 cm"。

③ 分栏设置。选择第二自然段设置为"分栏"显示，属性为"分2栏"，添加"分隔线"，栏与栏之间的间距为"1.5字符"，栏宽相等，并应用于所选文字。

④ 增加缩进量。选择最后三行文本，添加缩进量至文档的最右侧。

【提示】请区分右对齐与添加缩进量的不同之处。

（2）设置正文页。

参照图 3–14 所示，为需要设置分栏的段落进行分栏，并将相应的图片环绕在段落中，可根据情况调整图片大小及裁剪图片的相应位置。

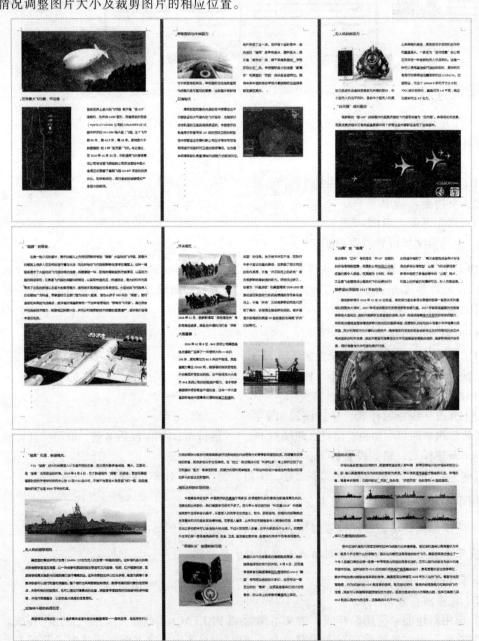

图 3–14 "正文页分栏及图片设置"效果图

7. 预览文档结构。应用"导航窗格"查看文档大纲结构及文档缩略图，也可在"大纲视图模式"下进行文档结构的预览，但在"大纲视图模式"下却无法预览图片的效果。

8. 插入分节符（下一页）。在插入分节符时需要注意光标的定位位置（请在文档的封面、前言、目录及正文部分插入相应的分节符，以便于后期的排版及页眉/页脚的插入）。

【提示】分页符只是对文档进行分页，但前后还是同一节；而分节符是对文档进行分节，可以同一页中不同节，也可以分节的同时下一页。

9. 创建封面。

（1）插入图片。插入"封面图片"文件夹中的"背景图片 1.jpg"，设置"浮于文字上文"，调整大小与 A4 纸张尺寸相同，并与纸张位置重叠。

（2）插入艺术字。插入艺术字"现代军事"，属性设置为"时尚中黑简体、72 号、加粗、居中对齐、字符间距加宽 8 磅"，文本框并"左右居中对齐"，放置于图 3-13 所示的位置处。

（3）插入文本框。插入"文本框"输入文本内容"MODERN MILITARY"，字体属性为"Academy Engraved LET、小初、加粗、白色、居中对齐"，文本框属性为"无填充颜色、无轮廓"，并"左右居中对齐"，将放置于"图例效果"所示位置处。

（4）插入形状。插入形状"图文框"，大小设置与 A4 纸张相同，无轮廓，填充颜色为"红色"，并拖动"黄色菱形点（控制句柄）"调整图文框的边框粗细，效果如图 3-14 所示。

10. 生成目录内容页。

（1）添加页面边框。只为"目录页"设置页边框。

（2）应用新建的"待用"样式。为文本"【CONTENTS】目录"应用"待用"样式。

（3）生成目录。显示级别为"2"；常规格式为"来自模板"。

（4）修改目录样式，格式设置为微软雅黑、小四号、左端对齐、1.5 倍行距、取消"首行缩进"。

11. 题注的应用。

（1）为文章中的每一幅图片添加题注，新建标签为"军事图片"，编号用"1，2，3……"，格式使用默认格式。

（2）修改题注样式

微软雅黑、10 号、居中对齐、单倍行距、取消"首行缩进"。

（3）在"目录页"的最后另起一行，输入"图表目录"，格式为"微软雅黑、小四号、居中对齐、1.5 倍行距、段前/后"0 行"、取消"首行缩进"；接着再插入"图表目录"，常规格式"来自模板"。

12. 插入页眉和页码。

要求：封面页和前言页不显示页眉和页码；目录页不显示页眉，但设置罗马的页码，格式如"第Ⅲ页"；正文页设置页眉和页码并奇偶页不同。

（1）页眉的格式。正文部分页眉的输入内容为"VIEWS AND OPINIONS 视觉/议论"；属性设置为"时尚中黑简体、小五号、加粗、红色"，奇数页为"右对齐"，偶数页为无。

（2）页码的格式。

① 目录部分：罗马页码、居中对齐、字体为"时尚中黑简体"，小五号，加粗，起始页码为从第一页开始，格式如"第Ⅲ页"。

② 正文部分：字体为"时尚中黑简体、小五号、居中对齐、加粗、红色"，格式如"第 5 页"，起始页码为从"第 1 页"开始，居中对齐。

在插入页眉时，是否需要显示或隐藏页眉线，均可在【边框和底纹】对话框中设置。

13. 脚注。选择正文第一页，为"飞行器"文本添加脚注，脚注的内容为"飞行器：是在大气层内或大气层个空间飞行的器械。"

【提示】脚注和尾注都是用于为文档中的文本提供解释、批注及相关的参考资料。可用"脚注"对文档内容进行注释说明，而用"尾注"说明所引用的文献。简单地说，在每页正文下方注释的是脚注，在文档末尾注释的是尾注。

14. 书签的应用。单击光标至文档的任意处，为当前的位置添加"书签"，设置书签字名为"已查阅到此处"，按【Ctrl+End】组合键移至文档的结尾处，然后再使用"书签"快速定位到刚才阅读的位置。

15. 拼写和语法。对电子杂志进行"拼写和语法"的检查，也可对文档进行"全部忽略"。

16. 字数统计。对文档进行"字数统计"，但统计的字数并不包括"文本框、脚注和尾注"。

17. 拆分文档。将当前的窗口拆分为两个，然后在此模式下查看文档内容。

18. 保存所有设置，关闭文档。

任务 6 "电子杂志俱乐部"出勤统计表的制作

| 素材文件位置： | 素材文件\第 3 章　Word 2010 文字处理\任务 6　表格排序及计算 |
| 最终文件位置： | 最终文件\第 3 章　Word 2010 文字处理\任务 6　表格排序及计算 |

实训目标

1. 美化表格。
2. 斜线表头的绘制。
3. 表格的计算及排序。

实训效果

本任务的效果图如图 3-15 所示。

姓名 \ 日期	周一	周二	周三	周四	周五	周六	周日	统计
高　飞	0	1	0	1	0	2	0	6
顾小西	0	1	0	3	1	0	0	5
郭　宇	2	0	1	0	0	0	1	4
李　明	1	0	0	2	0	0	1	4
肖　笑	0	0	0	2	0	0	0	3
李文龙	1	0	0	0	2	0	0	3
赵明海	0	0	1	0	2	0	0	3
王美丽	0	2	0	0	0	0	0	2
朱　倩	0	0	0	0	0	1	0	1
赵德凯	0	0	0	0	0	1	0	1
海　权	0	1	0	0	0	0	0	1

图 3-15　"电子杂志俱乐部"出勤统计表效果图

1．创建文档。

新建"出勤统计表.docx"文档，保存在 E 盘根目录下。

2．页面设置。纸张大小为"A4"，纸张方向为"横向"，页边距为"适中"。

3．输入标题。

（1）输入标题为"电子杂志俱乐部"出勤统计表。

（2）设置字体属性为"时尚中黑简体，小二，居中对齐"。

4．创建表格。

（1）插入 9 列/12 行的表格。

（2）将光标定位在第一个单元格中并插入斜线表头，并利用"文本框"输入斜线表头单元格中的文本内容，然后对文本框进行"无填充颜色、无轮廓"的设置。

（3）参照图 3-15 所示将姓名列与日期列的内容输入完整。

【提示】不要参照输入"统计"列的数值。

5．美化表格。

（1）全选表格，设置字体属性为"微软雅黑，3 号，水平居中对齐"。

（2）参照图 3-15 所示，为首行添加"浅绿色"底纹；为尾列添加"橙色"底纹。

（3）边框设置为"外为双实线，内为单实线"，边框粗细均为"0.5 磅"。

6．表格的计算及排序。

（1）利用函数计算出每位学生的出勤统计。

（2）以"统计"为主关键字进行降序排序。

27

【课后笔记】

第 4 章 Excel 2010 电子表格

【导读】

随着科学技术的飞速发展，应用软件也在不断的升级换代中，Excel 2010 作为 Office 2010 的重要组件之一，相较前一版本，不仅进一步提升了数据处理及分析功能，还对前一版本进行了一些改进、新增了多项功能，如自定义功能区、迷你图、选择性粘贴的实时预览等。学会使用 Excel 是现代办公环境对在职人员的基本要求，本项目将通过若干个学习任务，详细介绍 Excel 2010 的基本操作、公式与函数的使用、电子表格的数据管理、数据的图表分析及电子表格的打印等常规设置与操作方法，帮助学习者提高 Excel 用于工作的基本技能。

本章所涉及的知识点是以"学生信息管理系统"为外在主线，根据设计又细分为登录界面→学生基本信息表→学生成绩查询表→学生体能考核表→学生外出统计表→学生津贴管理表为多个任务，从而把对象元素的插入→数据的输入及技巧→公式与函数→排序与筛选→分类汇总→图表创建等知识点贯穿其中进行讲解，贴切学生实际，便于学生理解，其主要框架结构如图 4-1 所示。

	学生信息管理系统框架结构的设计	工作簿的创建及工作表标签的编辑
	学生信息管理系统登录界面的创建	对象元素的插入及超链接
	学生基本信息工作表的创建	数据信息的输入技巧及单元格美化
学生信息管理系统	学生成绩查询工作表的编辑	公式及函数的应用
	学生体能考核工作表的编辑	排序及筛选的应用
	学生外出统计工作表的编辑	合并计算与数据透视图的应用
	学生津贴管理工作表图表的创建	迷你图及图表的创建与设置

图 4-1 "学生信息管理系统"框架结构

任务 1 "学生信息管理系统"逻辑框架设计

最终文件位置：	最终文件\第 4 章 Excel 2010 电子表格\学生信息管理系统

实训目标

1. 熟练掌握 Excel 2010 的工作界面。
2. 掌握新建、保存、命名、退出工作簿等基本操作。
3. 了解工作簿、工作表、行、列、单元格、地址的概念。
4. 掌握工作表标签的属性设置。
5. 设计"学生信息管理系统"的结构框架。

实训效果

本任务的效果图如图 4-2 所示。

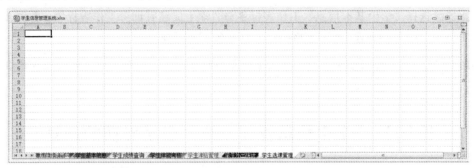

图 4-2 "学生信息管理系统"结构框架

实训过程

1. 创建工作簿。

（1）请在 E 盘根目录下创建命名为"学生信息管理系统"的文件夹。

（2）打开新创建的文件夹，并创建工作簿"学生信息管理系统.xlsx"。

【提示】在 Excel 2010 中，通常把"文件"称为"工作簿"，默认名称为"工作簿 1"，其文件扩展名为".xlsx"。

2. 编辑工作表标签。

（1）将"Sheet1"工作表的标签重命名为"系统登录界面"，并将工作表的标签颜色设置为"红色"。

【提示】重命名工作表名称的操作技巧是双击"工作表标签"，处于编辑状态修改即可。

（2）将"Sheet2"工作表的标签重命名为"学生成绩查询"，并将工作表的标签颜色设置为"黄色"。

（3）将"Sheet3"工作表标签重命名为"学生基本信息"，工作表标签颜色设置为"绿色"，并将"学生基本信息"工作表移动到"学生成绩查询"工作表的前面。

【提示】移动工作表的技巧为按住需要移动的工作表标签拖动即可。

（4）复制"学生成绩查询"工作表并重命名为"学生体能考核"，工作表的标签颜色设置为"蓝色"，并置于"学生成绩查询"工作表的后面。

【提示】复制工作表的操作技巧是按住【Ctrl】键的同时拖动工作表。

（5）插入新的工作表并将新插入的"Sheet5"工作表标签重命名为"学生津贴管理"，工作表标签颜色设置为"紫色"。

【提示】插入工作表的操作技巧为按住【Shfit+F11】组合键。

（6）使用"插入工作表"按钮插入新的工作表，并将新插入的"Sheet6"工作表标签重命名为"学生外出统计"，工作表标签颜色设置为"黑色"，然后进行隐藏。

（7）插入新的工作表并将新插入的"Sheet7"工作表标签重命名为"学生选课管理"，工作表标签颜色设置为"橙色"，然后将其删除。

【提示】删除工作表的操作是将工作表从工作簿中永久删除，不能恢复，因此执行此操作时请慎重。

（8）连续选择"学生基本信息"工作表标签与"学生成绩查询"工作表标签，并同步在B3单元格中输入"学号"和在C3单元格中输入"姓名"列标题。

【提示】工作组的作用是对多个工作表进行相同的编辑时，可将多个工作表进行建组。

3．保存并退出当前工作簿。

任务2 "学生信息管理系统"登录界面的创建

素材文件位置：	素材文件\第4章 Excel 2010电子表格\任务2 对象元素的添加
最终文件位置：	最终文件\第4章 Excel 2010电子表格\学生信息管理系统

实训目标

1．熟练掌握Excel 2010的工作界面。

2．掌握新建、保存、命名、退出工作簿等基本操作。

3．对象元素的插入及设置。

4．超链接的应用。

5．工作簿的保护设置。

实训效果

本任务的效果图如图4-3所示。

图4-3 "学生信息管理系统"登录界面效果图

1. 对象元素的插入及设置。

（1）选择"系统登录界面"工作表，将"登录界面.png"图片插入到工作表中，并移动图片到工作表的"左上角位置"，调整大小为"高（15 cm）×宽（31 cm）"，设置边框为"黑色"，边框粗细为"1磅"；图片效果为"阴影–右下斜偏移"。

【提示】在改变图片大小时，如果想让图片根据指定的尺寸进行改变，需要取消选中【锁定纵横比】复选框。

（2）插入艺术字"16四站本•学生信息管理系统"，字体格式设置为"微软雅黑、加粗、36号"，艺术字样式为"填充–红色，强调文字颜色2，粗糙棱台"，放置在"图例效果"所示的位置。

【提示】当前应用的艺术字样式为"最后一行的第三个样式"。

（3）插入3个"五角星"形状，调整大小为"高（0.8 cm）×宽（0.8 cm）"，设置形状样式为"细微效果–橙色，强调颜色6"，"垂直居中及横向分布"对齐，最后将其组合，组合后再与艺术字进行"垂直居中"并再次进行组合，放置在图4-3所示的位置。

【提示】当前应用的形状样式为"第四行的第七个样式"。

（4）插入5个文本框，并分别输入"学生基本信息""学生成绩查询""学生体能考核""学生津贴管理""学生外出统计"文本内容，字体格式为"微软雅黑、加粗、18号、居中对齐"，文本框的轮廓颜色为"白色、背景1、深色25%"，轮廓粗细为"0.75磅"，并将文本框进行"垂直居中及横向分布"排列对齐，依次放置在图4-7所示的位置。

2. 创建超链接。

分别为5个文本框创建超链接，并依次链接到"学生基本信息"工作表、"学生成绩查询"工作表、"学生体能考核"工作表、"学生津贴管理"工作表、"学生外出统计"工作表。

【提示】因"学生外出统计"工作表被隐藏，应先将其取消隐藏后再创建超链接。

3. 保护工作簿。

调整工作簿的窗口到合适大小，然后保护工作簿的结构及窗口，密码为123456。

【提示】在Excel应用程序中，分别有应用程序窗口和工作簿窗口；当工作簿被保护后将无法移动位置。

4. 保存并退出。

按【Ctrl+S】组合键对工作簿进行保存，然后退出当前编辑状态。

【提示】如果文档已进行过保存操作，则在单击【保存】按钮时，系统会直接保存，不会弹出【另存为】对话框。如果要将当前文档保存为其他名称或保存在其他位置时，可以使用【文件】→【另存为】命令进行保存操作。

任务3 "学生基本信息"工作表的创建

素材文件位置：	素材文件\第4章 Excel 2010电子表格\任务3 数据输入及技巧
最终文件位置：	最终文件\第4章 Excel 2010电子表格\学生信息管理系统

实训目标

1. 数据的输入技巧与编辑。

2. 单元格的插入、删除、选择、单元格连续或不连续区域的常用操作。

3. 美化工作表。

4. 行与列的转换。

实训效果

本任务的效果图如图 4-4 所示。

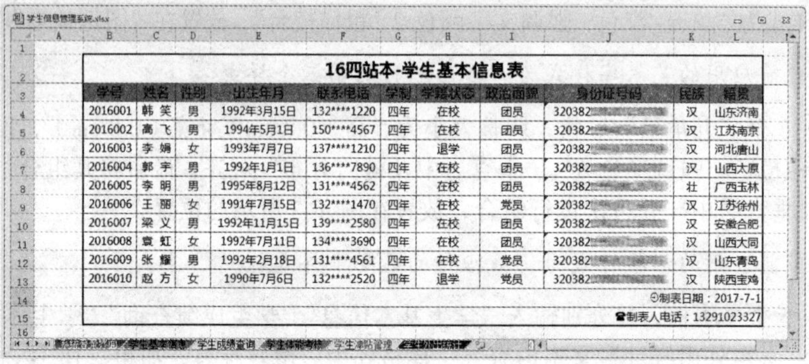

学生信息管理系统.xlsx

16四站本-学生基本信息表										
学号	姓名	性别	出生年月	联系电话	学制	学籍状态	政治面貌	身份证号码	民族	籍贯
2016001	韩 笑	男	1992年3月15日	132****1220	四年	在校	团员	320382	汉	山东济南
2016002	高 飞	男	1994年5月1日	150****4567	四年	在校	团员	320382	汉	江苏南京
2016003	李 娟	女	1993年7月7日	137****1210	四年	退学	团员	320382	汉	河北唐山
2016004	郭 宇	男	1992年1月1日	136****7890	四年	在校	团员	320382	汉	山西太原
2016005	李 明	男	1995年8月12日	131****4562	四年	在校	团员	320382	壮	广西玉林
2016006	王 丽	女	1991年7月15日	132****1470	四年	在校	党员	320382	汉	江苏徐州
2016007	梁 义	男	1992年11月15日	139****2580	四年	在校	团员	320382	汉	安徽合肥
2016008	袁 虹	女	1992年7月11日	134****3690	四年	在校	团员	320382	汉	山西大同
2016009	张 耀	男	1992年2月18日	131****4561	四年	在校	党员	320382	汉	山东青岛
2016010	赵 方	女	1990年7月6日	132****2520	四年	退学	党员	320382	汉	陕西宝鸡
								制表日期：2017-7-1		
								制表人电话：13291023327		

图 4-4 “学生基本信息”工作表效果图

实训过程

1. 输入工作表标题。选择“B2”单元格使其成为活动单元格，并输入文本内容“16 四站本-学生基本信息表”，并将当前单元格设置为自动换行。

【提示】利用【Alt+Enter】组合键可以实现手动换行。

2. 输入列标题。请在“学号”和“姓名”列标题的后面依次输入“性别、出生年月、爱好、学籍状态、政治面貌、身份证号码、籍贯、民族”。

3. 行/列及单元格的基本操作。

（1）选择“民族”列标题，将其移动到“籍贯”列标题的前面。

（2）删除“爱好”列标题，然后在“学籍状态”列前面插入新的一列，列标题为“学制”。

（3）选择“学制”单元格，插入一个空白单元格并使“活动单元格右移”，列标题为“联系电话”。

4. 输入表格数据信息。参照图 4-5 所示，根据要求依次输入表格内容。

（1）学号以填充柄的“填充序列”方式完成。

（2）手动输入姓名列信息内容。

【提示】按【Enter】键可下移一个单元格；按【Tab】键右移一个单元格；也可以利用方向键移动单元格。

图 4-5 "学生基本信息"工作表的数据信息

（3）性别以"同时在多个单元格中输入相同数据"的方式完成（可使用【Ctrl+Enter】组合键）。

（4）出生年月以"长日期"的形式显示，并为出生年月创建列标题"批注"，批注的内容信息为"出生年月的格式为××××年×月×日"。

（5）联系电话以"设置数据有效性"的方式完成，具体设置如图 4-6 所示。

图 4-6 "数据有效性"参数设置

（6）"学制"以填充柄的"复制单元格"方式完成。

（7）"学籍状态"以"记忆式输入"的方式完成（利用【Alt+↓】组合键）。

（8）"政治面貌"以"为单元格创建下拉列表"的方式完成（利用数据有效性完成）。

（9）"身份证号码"以"数字转换为文本"的格式输入（在全英文状态下输入单引号）。

【提示】由于单元格默认显示 11 位有效数字，如果输入的数值长度超过了 11 位，系统将自动以科学计数法显示该数字。

（10）利用所学知识快速输入"民族"列与"籍贯"列的信息内容。

5．查找与替换。使用【查找与替换】对话框，将工作表中"赵方"替换为"赵德芳"。

6．合并与拆分单元格。

（1）选择 B2 到 L2 单元格区域，设置为"合并后居中"。

（2）选择 B14 到 L15 单元格区域，设置为"跨越合并"，并在合并后的 B14 单元格中输入"制表日期：2017-7-1"，在合并后的 B15 单元格中输入"制表人电话：13291023327"。

【提示】插入当前系统日期的快捷键是【Ctrl+;】，插入当前系统时间的快捷键是【Ctrl+Shift+;】。

7．美化工作表。

（1）工作表标题格式为微软雅黑、垂直/水平居中对齐、加粗、18 号、黑色。

（2）列标题格式为微软雅黑、垂直/水平居中对齐、加粗、14 号、深红。

（3）数据信息（B4:L13）格式为微软雅黑、垂直/水平居中对齐、12 号、黑色。

第 1 部分 上机实训

（4）"制表时间"与"制表人电话"格式为微软雅黑、垂直居中/右对齐、12号、黑色。

（5）调整行高的值为"20"、列宽的值为"自动调整列宽"，标题行的行高为"40像素"

【提示】将鼠标指针移至待调整行的行号下边线，单击即可看到相应的行高像素值。

（6）列标题的底纹颜色设置为：浅蓝。

（7）设置表格的边框为"外粗内细"并"外黑内红"。

8. 插入特殊符号。

请在制表日期前面插入特殊符号"☺"，在制表人电话前插入特殊符号"☎"。

【提示】此处所用的特殊符号在 Wingdings 选项中。

9. 行列转置。插入新的工作表，命名为"行列转置"，复制"学生基本信息"工作表的内容（B3:L13 单元格区域），粘贴到"行列转置"工作表中，并将工作表中行/列的位置进行转换，并设置自动调整行高与列宽，如图4-7所示。

2	学号	2014001	2014002	2014003	2014004	2014005	2014006	2014007
3	姓名	韩笑	高飞	李娟	郭宇	李丽	王丽	梁义
3	性别	男	男	女	男	男	女	男
5	出生年月	1992年3月15日	1994年5月1日	1993年7月7日	1992年1月1日	1995年8月12日	1991年7月15日	1992年11月15日
6	联系电话	132****1220	150****4567	137****1210	136****7890	131****4562	132****1470	139****2580
7	学制	四年	四年	四年	四年	四年	四年	四年
8	学籍状态	在校	在校	退学	在校	在校	在校	在校
9	政治面貌	团员	团员	团员	团员	党员	团员	团员
10	身份证号码	320382199203150708	320382199405010703	320382199307070709	320382199201010707	320382199508120703	320382199107150707	320382199211150703
11	民族	汉	汉	汉	汉	壮	汉	汉
12	籍贯	山东济南	江苏南京	河北唐山	山西太原	广西玉林	江苏徐州	安徽合肥
13	家庭住址	红外路3号	解放路8号	城北13号	中山路24号	爱华路5号	人民医院东路	站前大道8号

图4-7 "行列转置"效果图

10. 视图模式。将"行列转置"工作表以"全屏显示"的视图方式预览，还原窗口视图模式后再将其工作表进行"隐藏"。

【提示】在"全屏模式"下也可按【Esc】键退出当前视图模式。

11. 设置条件格式。选择"学生基本信息"工作表，将性别列中的"女"单元格内容以"条件格式"的"突出显示单元格规则"的方式显示出来，格式为"浅红填充色深红色文本"。

12. 拆分与冻结工作表。

（1）将"学生基本信息"工作表拆分为两个窗口并查看表格信息。

（2）删除或隐藏 A1:B2 单元格区域并设置为"冻结首行"，并查看表格信息。

13. 保护工作表。为了保护"学生基本信息"工作表的数据及结构不被修改，特设置密码为 123456。

【提示】请区分保护工作表与保护工作区的不同。

14. 保存并退出当前应用程序。

任务4 "学生成绩查询"工作表的编辑

素材文件位置：	素材文件\第4章 Excel 2010电子表格\任务4 公式及函数
最终文件位置：	最终文件\第4章 Excel 2010电子表格\学生信息管理系统

实训目标

1. 公式的手动输入。
2. 函数的应用。
3. 不同工作表间单元格的引用。
4. 相对引用、绝对引用、混合引用（不同引用之间的切换快捷键为【F4】)。

实训效果

本任务的效果图如图 4-8～图 4-12 所示。

（2016—2017学年第一学期)16四站本学生成绩查询表

																							平时成绩：	40%
																							期末成绩：	60%
学号	姓名	高等数学			大学语文			大学英语			计算机文化基础			军事理论导论			毛泽东思想			军人心理学			总分	平均分
		平时	期末	总评	平时	期末	总评	平时	期末	总评	平时	期末	总评	平时	期末	总评	平时	期末	总评	平时	期末	总评		
2016001	韩 笑	89	78	82	97	75	84	88	89	89	98	78	86	91	88	89	85	89	87	78	90	85	602.6	86.1
2016002	高 飞	70	68	69	80	91	87	77	99	90	89	86	87	80	77	78	90	78	83	70	69	69	563.2	80.5
2016003	李 娟	90	86	88	90	67	76	89	78	82	60	89	77	70	90	82	80	64	70	80	90	86	562.0	80.3
2016004	郭 宇	60	72	67	70	78	75	90	80	84	77	90	85	66	89	80	80	78	79	90	99	95	564.8	80.7
2016005	李 明	80	77	78	89	80	84	76	90	84	80	90	86	80	65	71	80	90	86	90	89	89	578.6	82.7
2016006	王 丽	90	90	90	92	80	85	81	83	83	90	94	92	90	89	89	70	94	84	90	78	83	606.0	86.6
2016007	梁 义	90	89	89	88	90	89	88	85	86	90	91	91	90	90	90	90	67	76	90	92	91	612.8	87.5
2016008	袁 虹	90	78	83	91	91	91	67	79	74	88	88	88	90	73	80	90	87	88	80	51	63	566.6	80.9
2016009	张 耀	80	89	85	78	87	83	90	95	93	70	78	75	70	81	77	80	93	88	70	67	68	569.2	81.3
2016010	赵 方	90	81	85	96	66	78	78	95	88	80	89	85	80	94	88	70	68	69	60	87	76	569.6	81.4

图 4-8 （2016—2017 学年第一学期）16 四站本学生成绩查询表效果图

（2016—2017学年第二学期)16四站本学生成绩查询表

学　号	姓 名	线性代数	大学 英语	军事应用文写作	VFP数据库	游泳	中国近现代史纲要	法律基础	总分	平均分
2016001	韩 笑	90	81	78	80	78	68	61	536	77
2016002	高 飞	89	78	67	89	80	56	88	547	78
2016003	李 娟	78	83	89	78	99	77	90	594	85
2016004	郭 宇	90	69	78	82	88	80	72	559	80
2016005	李 明	88	56	55	85	89	87	90	550	79
2016006	王 丽	98	73	78	93	90	90	65	587	84
2016007	梁 义	78	88	90	87	87	67	87	584	83
2016008	袁 虹	78	82	87	77	91	74	83	572	82
2016009	张 耀	56	67	71	49	89	60	89	481	69
2016010	赵 方	64	54	65	67	78	99	58	485	69
出现次数最多的分数		78		最高分	99	最低分	49	总人数	10	

图 4-9 （2016—2017 学年第二学期）16 四站本学生成绩查询表效果图

（2017—2018学年第一学期)16四站本学生成绩查询表

学　号	姓 名	性别	线性代数	大学英语	军事应用文写作	VFP数据库	游泳	中国近现代史纲要	法律基础	大学物理
2016001	韩 笑	男	90	81	78	80	78	68	61	90
2016002	高 飞	男	89	78	67	89	80	56	88	80
2016003	李 娟	女	78	83	89	78	99	77	90	73
2016004	郭 宇	男	90	69	78	82	88	80	72	69
2016005	李 明	男	88	56	55	85	89	87	90	88
2016006	王 丽	女	98	73	78	93	90	90	65	98
2016007	梁 义	男	78	88	90	87	87	67	87	88
2016008	袁 虹	女	78	82	87	77	91	74	83	75
2016009	张 耀	男	56	67	71	49	89	60	89	90
2016010	赵 方	女	64	54	65	67	78	99	58	81
求女生“线性代数”的总分成绩（SUMIF）									318	
求学员“大学英语”成绩大于80分的学员人数(COUNTIF)									4	
求男生“军事应用文写作”的平均分(AVERAGEIF)									73	
求“VFP数据库”的第三名成绩(LARGE)									87	
求“中国近现代史纲要”的倒数第三名成绩(SMALL)									67	

图 4-10 （2017—2018 学年第一学期）16 四站本学生成绩查询表效果图

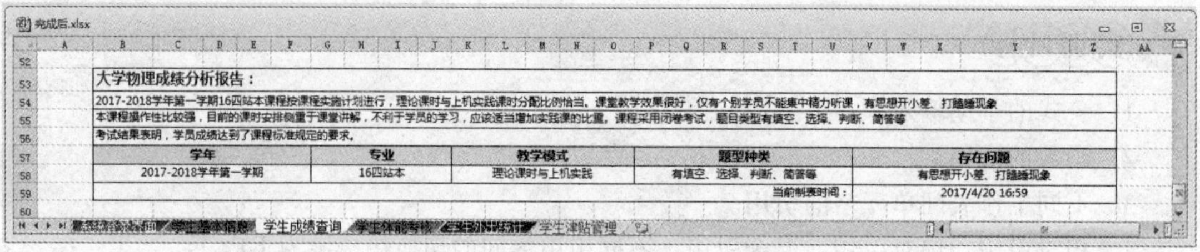

大学物理成绩分析报告：

2017-2018学年第一学期16四站本课程按课程实施计划进行，理论课时与上机实践课时分配比例恰当。课堂教学效果很好，仅有个别学员不能集中精力听课，有思想开小差、打瞌睡现象

本课程操作性比较强，目前的课时安排侧重于课堂讲解，不利于学员的学习，应该适当增加实践课的比重。课程采用闭卷考试，题目类型有填空、选择、判断、简答等

考试结果表明，学员成绩达到了课程标准规定的要求。

学年	专业	教学模式	题型种类	存在问题
2017-2018学年第一学期	16四站本	理论课时与上机实践	有填空、选择、判断、简答等	有思想开小差、打瞌睡现象
			当前制表时间：	2017/4/20 16:59

图 4-11　大学物理成绩分析报告效果图

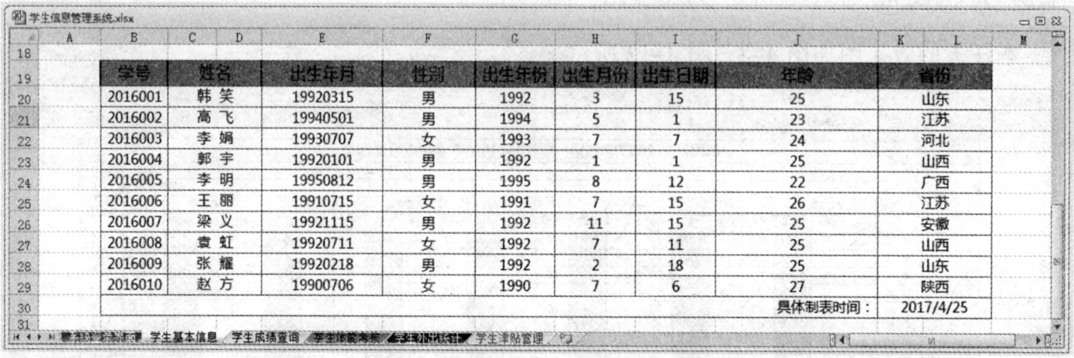

学号	姓名	出生年月	性别	出生年份	出生月份	出生日期	年龄	省份
2016001	韩 笑	19920315	男	1992	3	15	25	山东
2016002	高 飞	19940501	男	1994	5	1	23	江苏
2016003	李 娟	19930707	女	1993	7	7	24	河北
2016004	郭 宇	19920101	男	1992	1	1	25	山西
2016005	李 明	19950812	男	1995	8	12	22	广西
2016006	王 丽	19910715	女	1991	7	15	26	江苏
2016007	梁 义	19921115	男	1992	11	15	25	安徽
2016008	袁 虹	19920711	女	1992	7	11	25	山西
2016009	张 耀	19920218	男	1992	2	18	25	山东
2016010	赵 方	19900706	女	1990	7	6	27	陕西
							具体制表时间：	2017/4/25

图 4-12　学生基本信息中函数应用效果图

实训过程

1.（2016—2017 学年第一学期）16 四站本学生成绩查询表的编辑。

（1）同一工作簿中不同工作表的单元格引用。在“学生成绩查询”工作表的“学号”与“姓名”空白处，引用“学生基本信息”工作表中的学号与姓名列内容。

【提示】引用同一工作簿中不同工作表的数据格式为“=工作表名称！单元格地址”，若要在不同工作簿之间引用格式为“=[工作簿名.xlsx]工作表名称！单元格地址”。

（2）绝对引用。手动输入公式，计算出每个学生每科成绩的“总评”分数，各科“总评”=“平时”*40%+“期末”*60%，切勿忘记$符号的输入，所得“总评”分数不保留小数位。

【提示】公式必须以等号（=）开头，然后再输入运算表达式。

（3）使用公式。手动输入“公式”并计算出“韩笑”的“总分”与“平均分”成绩，数值后保留一位小数位。

（4）单元格相对引用。利用单元格的相对引用得出其他学生的“总分”与“平均分”成绩。

【提示】单元格的相对引用是基于包含公式的单元格与被引用的单元格之间的相对位置。如果公式所在的单元格的位置改变，引用也随之改变。默认情况下，Excel 2010 使用的是相对引用。

2.（2016—2017 学年第二学期）16 四站本学生成绩查询表的编辑。

（1）单元格的引用。将同一工作表中的第一学期的“学号”与“姓名”列内容，引用到第二学期“学号”与“姓名”空白处。

（2）运用函数。使用"函数"计算出每位学生的各科"总分（SUM）""平均分（AVERAGE）""出现次数最多的分数（MODE）""最高分（MAX）""最低分（MIN）""学生总人数（COUNTA）"，且"总分"与"平均分"都以整数的形式显示。

【提示】计数函数"COUNT( )"和COUNTA( )的区别，COUNT( )函数用于统计区域中"包含数字"的单元格个数，而COUNTA( )函数则是用于统计区域中"非空单元格"的个数。上述C22:C31区域中不包含数字，但属于非空单元格，因此需要用COUNTA( )函数。

（3）设置条件格式。

① 将学生的总分以"条件格式"中的"色阶-绿/黄/红色阶"的形式表示出来。

② 使用"条件格式"中的"项目选取规则"将平均分最高的6名学生分数突出显示出来，显示格式为"浅红填充色深红色文本"。

（4）追踪引用单元格。为"韩笑"的"平均分"显示出"追踪引用单元格"的效果。

（5）显示公式。将工作表在"显示公式"与"显示结果"两种模式中进行切换查看。

【提示】单元格中默认显示的是公式执行后的计算结果，按快捷键【Ctrl+`】，可以显示公式内容与公式结果之间的切换。

3．（2017—2018学年第一学期）16四站本学生成绩查询表的编辑，如图4-10所示。

使用"函数"求出女生的"线性代数"总分成绩（SUMIF）；求"大学英语"成绩大于80分的学生人数（COUNTIF）；求男生"军事应用文写作"的平均分（AVERAGEIF）；求"VFP数据库"的第三名成绩（LARGE）；求"中国近现代史纲要"的倒数第三名成绩（SMALL）。

【提示】LARGE函数是"返回数据集中的第K个最大值"；SMALL函数是"返回数据集中的第K个最小值"。

4．大学物理成绩分析报告的编辑，如图4-11所示。

从分析报告中，使用LETF文本函数得出"学年"内容；使用MID文本函数得出"专业"内容；使用MID文本函数得出"教学模式"内容；使用RIGHT文本函数得出"题型种类"内容；使用RIGHT文本函数得出"存在问题"内容；使用NOW日期/时间函数得出"当前制表时间"内容。

【提示】MID函数是"从文本字符串中指定的起始位置处返回指定长度的字符"；RIGHT函数是"从一个文本字符串的最后一个字符开始返回指定个数字符"；LETF函数是"从一个文本字符串的第一个字符开始返回指定个数字符"。

5．学生基本信息中函数的应用，如图4-12所示。

（1）使用MID函数从"身份证号码"列中提取"出生年月"信息；使用"YEAR""MONTH""DAY"函数从"出生年月"列中获取"出生年份""出生月份""出生日期"信息；使用MID函数从"身份证号码"列中提取"出生年份"信息并进行公式计算得出年龄；使用LEFT函数从"籍贯"列中提取"省份"信息；使用嵌套函数"IF""MOD""MID"得出"性别"信息；使用TODAY函数得出"具体制表时间"信息。

【提示】身份证号码关于性别的信息是第 17 位，奇数为男，偶数为女。使用 MOD 求余函数是对"MID(J4,17,1)"所提取的数字除以 2，返回求得的余数，得到的余数只有 1 或 0 这两种可能，当余数为 1 时，性别为男；当余数为 0 时，性别为女；使用 IF 函数是对上一步得出的余数进行判断，公式为"=IF(MOD(MID(J4,17,1),2)=1,"男","女")"，含义是如果(MOD(MID(J4,17,1),2)等于 1，单元格显示信息为"男"，否则显示为"女"。

（2）保存并退出。

任务 5 "学生体能考核"工作表的编辑

素材文件位置：	素材文件\第 4 章　Excel 2010 电子表格\任务 5　排序及筛选
最终文件位置：	最终文件\第 4 章　Excel 2010 电子表格\学生信息管理系统

实训目标

1. 数据的自动筛选与高级筛选。
2. 数据的简单排序与多个关键字排序。
3. 分类汇总的应用。
4. 合并计算。

实训过程

1. 对图 4-13 所示的表格进行编辑和设置。

图 4-13　（2016—2017 学年第一学期）16 四站本学生体能考核表效果图

（1）自动求和。选择"学生体能考核"工作表，用【自动求和】按钮得出每位学生的"总分"成绩，并为"总分"统一添加单位"分"（提示：自定义数字类型）。

（2）排位函数。利用排位函数 RANK( )得出学生的成绩排名"=RANK（I4,$I$4:$I$13,0）"。

【提示】RANK( )函数是排位函数，主要功能是返回一个数值在指定数值列表中的排位。本题中"=RANK(I4,$I$4:$I$13,0)"是指示取 I4 单元格中的数值在单元格区域 I4:I13 中的降序排位。

（3）根据设定条件评定考核等级操作。假设考核等级评定方法为总分大于等于 4 的，考核为"优秀"；小于 4 但大于 3.2 的，考核为"良好"；小于 3.2 但大于 2.4 的，考核为"合格"；小于 2.4 但大于 0 的，考核为"不及格"。

① 选定 K4 单元格为当前单元格。

② 输入公式"=IF(I4>=4,"优秀",IF(I4>=3.2,"良好",IF(I4>=2.4,"合格 ",IF(I4<=2.3,"不合格"))))"。

③ 使用单元格的相对引用得出其他学生的考评等级。

（4）排序。

① 将"总分列"按"降序"进行简单排序。

② 应用"多个关键字排序"知识，设置主要关键字为"总分"，排序依据为"数值"，次序为"升序"；设置次要关键字为"学号"，排序依据为"数值"，次序为"降序"。

【提示】对多个关键字进行排序时，在主要关键字完全相同的情况下，会根据指定的次要关键字进行排序；在次要关键字完全相同的情况下，会根据指定的下一个次要关键字进行排序，依次类推。无论有多少排序关系字，排序后的数据总是按主要关键字排序。

2．使用 ROUND 函数对图 4-13 所示的表进行"总分"数据的四舍五入。

3．使用 VLOOKUP 函数对图 4-13 所示的表进行数据的快速查找。

4．对图 4-13 所示的表进行数据分析。

1）筛选。

（1）简单筛选。

筛选出"考核等级"为"合格"的信息，查看后再将其全部信息显示出来。

（2）高级筛选。

① "与"的关系：在空白区域输入设置条件为"5000 米大于等于 0.8 同时 400 米障碍也大于等于 0.8"的数据信息，并将筛选结果复制到其他位置，如图 4-14 所示。

学号	姓名	性别	5000米	400米障碍	队列	射击	总分	排名	考核等级		5000米	400米障碍
2016003	李娟	女	0.8	1.0	0.4	0.8	3.0分	4	合格		>=0.8	>=0.8
2016008	袁虹	女	1.0	0.8	1.0	0.8	3.6分	3	良好			
2016001	韩笑	男	1.0	1.0	0.8	1.0	3.8分	1	良好			

图 4-14　高级筛选"与"的关系

② "或"的关系：在空白区域输入设置条件为"队列大于等于 0.8 或者射击大于等于 0.6"的数据信息，并将筛选结果复制到其他位置，如图 4-15 所示。

学号	姓名		5000米	400米障碍	队列	射击	总分	排名	考核等级		队列	射击
2016005	李明	男	0.5	0.5	0.8	0.3	2.1分	9	不合格		>=0.8	
2016006	王丽	女	0.6	1.0	0.6	0.6	2.8分	6	合格			>=0.6
2016002	高飞	男	0.6	0.7	0.8	0.8	2.9分	5	合格			
2016003	李娟	女	0.8	1.0	0.4	0.8	3.0分	4	合格			
2016008	袁虹	女	1.0	0.8	1.0	0.8	3.6分	3	良好			
2016010	赵方	女	1.0	0.7	1.0	1.0	3.7分	2	良好			
2016001	韩笑	男	1.0	1.0	0.8	1.0	3.8分	1	良好			

图 4-15　高级筛选"或"的关系

【提示】高级筛选时必须在工作表中建立一个条件区域，输入各条件的字段名和条件值。条件区域与数据区域之间必须由空白行或空白列隔开，另外，"与"关系的条件必须出现在同一行，"或"关系的条件不能出现在同一行。

2）进行分类汇总操作，如图 4-16 所示。

（1）复制"（2016—2017 学年第一学期）16 四站本学生体能考核表"到当前工作表的其他空白处，请对"学生体能考核"数据进行分类汇总，在分类汇总前，先对"性别"列进行"升序"的排序。

（2）打开【分类汇总】对话框，在【分类字段】下拉列表中选择要计算分类汇总的【性别】列，在【汇总方式】下拉列表中选择计算方式为【计数】，在【选定汇总项】列表框中选择要计算分类汇总的值的【考核等级】复选框，如图 4-16 所示。

【提示】分类汇总是将数据清单的数据按某列（分类字段）排序后进行分类，然后对相同类别记录的某些列（汇总项）进行汇总统计（求和、求平均值、计数、求最大值、求最小值）。在执行【分类汇总】操作之前，必须先按分类字段进行排序。

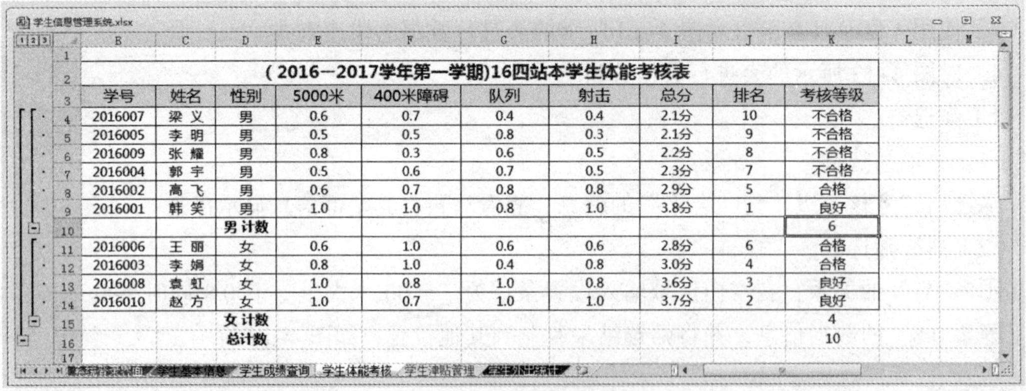

图 4-16　分类汇总效果图

任务 6　"学生外出统计"工作表的编辑

素材文件位置：	素材文件\第 4 章　Excel 2010 电子表格\任务 6　数据分析及汇总
最终文件位置：	最终文件\第 4 章　Excel 2010 电子表格\学生信息管理系统

实训目标

1. 合并计算。
2. 数据透视图/表。

实训过程

1. 取消被隐藏的"学生外出统计"工作表，并将其移动到"学生津贴管理"工作表的前面。
2. 利用"函数"得出每位学生"外出统计"的次数。
3. 合并计算。合并计算当前"学生外出统计"工作表的数据，在【合并计算】对话框的【函数】列表框中选择【求和】选项,【引用位置】的合并计算区域为（C3:J13），【所有引用位置】中的信息为"学生外出统计！$C$3:$J$13"，然后再选中【标签位置】中的【首行】和【最左列】复选框，合并计算的结果如图 4-17 所示。

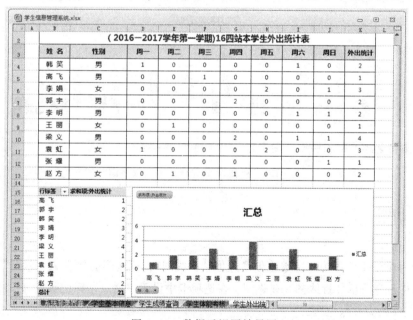

图 4-17　合并计算效果图

4. 数据透视图。选择单元格区域为（学生外出统计！$B$3:$K$13），创建的数据透视图放置在现有工作表任意位置，添加的报表字段为"姓名"和"外出统计"，效果如图 4-18 所示。

图 4-18　数据透视图效果图

任务 7 "学生津贴管理" 图表的创建

素材文件位置：	素材文件\第 4 章　Excel 2010 电子表格\任务 7　图表的创建
最终文件位置：	最终文件\第 4 章　Excel 2010 电子表格\学生信息管理系统

实训目标

1. 迷你图的创建。
2. 图表的作用及认知。
3. 图表的创建及设置。

实训效果

本任务的效果图如图4-19所示。

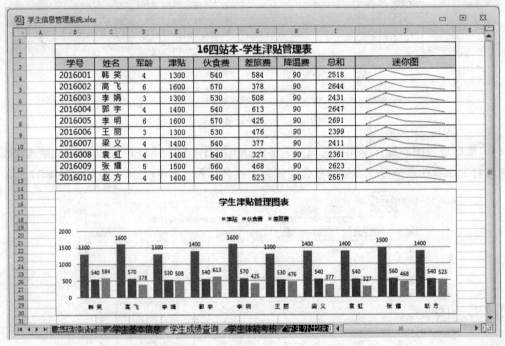

图4-19 "学生津贴管理"图表效果图

实训过程

1. 创建迷你图。

（1）为每个学生的各项津贴数值创建迷你"拆线图"，拆线图的颜色为"紫色"。

（2）选中创建好的"拆线图"迷你图，在选项卡中设置"高点"标记颜色为"红色"，设置"低点"标记颜色为"绿色"。

2. 创建图表。

（1）选择"姓名""津贴""伙食费""差旅费"列，插入"二维簇状柱形图"。

（2）对生成的图表设置"图表样式2""图表布局3"，图表标题更改为"学生津贴管理图表"，图表中的字体设置为"微软雅黑"，并将数据置于标签外，然后再设置"在顶部显示图例"。

【课后笔记】

第5章
PowerPoint 2010 演示文稿

【导读】

PoworPoint 是目前使用最普及和最受欢迎的演示文稿制作工具，使用它制作多媒体演示文稿既方便实用，又形象生动。无论是在会议、产品演示、教学、方案说明的场合，还是进行专业的技术研讨，几乎都能见到它的身影。自 PoworPoint 2007 以后，演示文稿的制作方式和理念有了彻底的改变，新发布的软件已远远超出了软件版本更迭的范畴。

本章以"信息安全"演示文稿的制作为项目主线，将知识点贯穿其中进行讲解，从演示文稿的创建→外观设计→内容页的编辑→动态演示文稿的制作→演示文稿的放映及输出，使学生真正做到理论与实践相结合，掌握制作演示文稿的基本操作方法和普遍原则，学会制作满足需要的演示文稿。其主要框架结构如图 5-1 所示。

信息安全演示文稿	"信息安全"演示文稿的创建	演示文稿及幻灯片的基本操作
	"信息安全"演示文稿的外观设计	背景样式与母版的应用
	"信息安全"演示文稿的对象元素插入	对象元素的插入及设置
	"信息安全"演示文稿动态效果的设置	幻灯片切换及自定义动画的设置
	"信息安全"演示文稿的视图模式	视图模式下幻灯片的操作
	"信息安全"演示文稿的放映及输出	演示文稿的放映及打包输出

图 5-1 "信息安全"演示文稿的框架结构

任务 1 "信息安全"演示文稿的创建

最终文件位置：	最终文件\第 5 章　PowerPoint 2010 演示文稿\信息安全

实训目标

1. 理解演示文稿与幻灯片的概念及关系。
2. 掌握演示文稿的创建及基本操作。
3. 熟练掌握幻灯片的管理。

4. 掌握幻灯片节的设置及应用。

实训效果

本任务的效果图如图 5-2 所示。

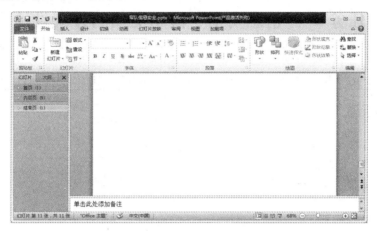

图 5-2 "信息安全"演示文稿的创建

实训过程

1. 创建演示文稿。新建演示文稿，命名为"信息安全.pptx"，设置演示文稿的自动保存时间为"8分钟"，并保存在 E 盘根目录下。

2. 页面设置。

（1）幻灯片方向：横向。

（2）幻灯片大小：全屏显示（16:9）。

3. 管理幻灯片

（1）选择第 1 张幻灯片（为"标题幻灯片"版式），依次再插入 10 张幻灯片（均为"标题和内容"版本）。

【提示】在幻灯片缩略图区按【Enter】键或按【Ctrl+M】键，都可快速插入新的幻灯片。

（2）连续选择第二张至第十张幻灯片，将其修改为"仅标题版式"。

（3）选择第十一张幻灯片，将其修改为"空白版式"。

4. 为幻灯片添加节。

（1）在普通视图的幻灯片缩略图区域，右击第一张幻灯片的上方空隙处，为其"新增节"，并重命名为"首页"。

（2）在普通视图的幻灯片缩略图区域，右击第二张幻灯片的上方空隙处，为其"新增节"，并重命名为"内容页"。

（3）在普通视图的幻灯片缩略图区域，右击第十一张幻灯片的上方空隙处，为其"新增节"，并重命名为"结束页"。

（4）将"插入的节"全部"折叠"，可清晰地看到当前演示文稿的整体结构。

【提示】节是用于分组组织幻灯片的一个概念，分组幻灯片有利于幻灯片的编辑加工，相当于分类文件夹的作用。

5. 保存并退出当前应用程序。

任务 2 "信息安全"演示文稿的外观设计

素材文件位置：	素材文件\第 5 章　PowerPoint 2010 演示文稿\任务 2　外观设计
最终文件位置：	最终文件\第 5 章　PowerPoint 2010 演示文稿\任务 2　信息安全

实训目标

1. 掌握幻灯片背景样式的设置。
2. 掌握幻灯片母版的设置及应用。
3. 掌握主题的设置及保存。

实训效果

本任务的效果图如图 5-3～图 5-5 所示。

图 5-3 "首页母版"效果图

图 5-4 "结束页母版设计"效果图

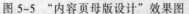

图 5-5 "内容页母版设计"效果图

实训过程

1. 设置背景样式。为演示文稿整体设置"白色-背景 1-深色 5%"的纯色背景色。
2. 幻灯片母版设计。

【注意】对演示文稿进行母版设计，需要先进入母版编辑的视图模式。

（1）首页母版设计。从左侧窗格中选择"标题幻灯片版式"，插入图片"封面.png"，并将其"顶端对齐"。

（2）内容页母版设计。

① 从左侧窗格中选择"仅标题版式"，插入图片"封面.png"，顶端对齐。

② 在【设置图片格式】对话框中取消选中"锁定纵横比"复选框，并使用"裁剪工具"将图片裁减为高 2.5 cm、宽 25.4 cm。

③ 插入"矩形"形状，大小为"高 0.2 cm、宽 25.4 cm"，填充颜色为"黄色"，形状轮廓为"无轮廓"，"左右居中"对齐，并放置在裁剪后的图片下方，再将其图片与形状进行组合，并置于底层。

④ 绘制"矩形"形状，高 10.2 cm、宽 24.3 cm，无填充颜色，形状轮廓颜色为"白色、背景 1、深色 15%"，轮廓粗细为"0.25 磅"，轮廓形状为"方点虚线"，"左右居中"对齐，并调整位置在"自左上角，水平（0.55 cm）、垂直（3.34 cm）"。

⑤ 设置标题的格式为微软雅黑、白色、加粗、28 号、右对齐。

（3）结束页。从左侧窗格中选择"空白版式"，插入图片"封底.png"，并"底端"对齐。

（4）关闭幻灯片母版视图。

3．主题的应用。

（1）主题颜色设置为"Office"。

（2）主题字体设置为"暗香扑面–微软雅黑"。

（3）保存当前主题在 E 盘根目录下，命名为"信息安全主题"。

4．保存并退出当前应用程序。

任务3 "信息安全"演示文稿对象元素插入

素材文件位置：	素材文件\第 5 章　PowerPoint 2010 演示文稿\任务 3　对象元素插入
最终文件位置：	最终文件\第 5 章　PowerPoint 2010 演示文稿\任务 3　信息安全

实训目标

1．掌握常用对象元素的插入及设置方法。

2．熟练掌握音频及视频元素的插入及设置。

3．掌握重用幻灯片的用法。

实训过程

1．封面页的制作（第一张幻灯片），图例效果如图 5-6 所示。

（1）选择第一张幻灯片中的"标题"占位符，按【Delete】键删除。

（2）用形状绘制田字格，幻灯片中的田字格是由形状中的"正方形和两条直线"组合而成。正方形的大小为高度 2.73 cm、宽度 2.73 cm，"无填充颜色"，轮廓颜色为"白色，背景 1，深色 25%"，粗为"0.25 磅"，形状为"方点虚线"；直线的属性同正方形的属性相同，可使用格式刷复制"正方形"已设置好的属性参数。

图 5-6 "封面页"效果图

【提示】在绘制田字格时要进行对齐与组合的操作；为了进一步提高操作效率，可使用格式刷的快捷键进行操作，即【Ctrl+Shift】和【Ctrl+Shift+V】。

（3）分别插入艺术字"信息安全刻不容缓"八个字，字体属性为"时尚中黑简体、48 号、加粗、阴影、居中对齐"，艺术字样式为"填充-红色-强调文字颜色 2，粗糙棱台"，并分别与田字格进行单独对齐并组合。

【提示】为了更快地提高工作效率，可以在完成一个田字格与艺术字的组合后，进行其他对象的复制，按【Ctrl】键的同时拖动即可。

（4）单击"副标题"占位符，输入文本内容"演讲者：赵德凯（2018 年 5 月）"，字体属性设置为"微软雅黑、22 号、加粗、黄色、居中对齐"，拖动占位符改变其大小。

（5）插入"对象元素"文件夹中的图片"图标（1）.png"，调整大小为高 4.49 cm、宽 5.68 cm。

（6）插入音频。插入"媒体元素"文件夹中的音频"警示音乐.mp3"，设置"跨幻灯片播放"，放映时"隐藏图标"，音量调整为"高"，播放方式为"循环播放、直到停止"。

2. 内容页的制作（第二张~第十张幻灯片），图例效果如图 5-7 所示。

图 5-7 "内容页第二张幻灯片"效果图

（1）内容页第二张幻灯片，插入的对象元素有"形状、图片，艺术字，并进行对齐分布"。

① 插入艺术字"谍战"，艺术字样式为"填充-红色-强调文字颜色 2，粗糙棱台"，字体属性为"微软雅黑、44 号、加粗、阴影、居中对齐、文字竖排方向"。

② 插入矩形形状，大小为高 5.92 cm、宽 21.8 cm，设置颜色为"浅蓝"，"无轮廓"，并复制相同大小的形状，再重置颜色为"黄色"，并将黄色矩形置于蓝色矩形的底层，参照图 5-7 所示进行摆放，并进行两个形状间的层叠调整及对齐并组合。

【提示】由于黑白印刷的缘故，图例效果并不明显，请将制作好的此张幻灯片进行展示说明。

③ 同时插入"对象元素"文件夹中的"图片（1）、图片（2）、图片（3）、图片（4）"，大小属性值保持不变，参照图 5-7 所示进行摆放，并为每张图片设置边框属性"黑色、0.25 磅粗细"，"顶端对齐并横向分布"排列，高度均与矩形相等（高为 5.92 cm）。

（2）内容页第三张幻灯片，插入的元素有"艺术字、图片、文本框、直线形状"，如图 5-8 所示。

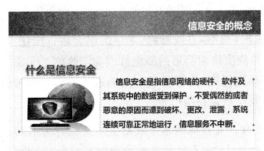

图 5-8 "内容页第三张幻灯片"效果图

① 插入艺术字"什么是信息安全"，艺术字样式为"填充-红色-强调文字颜色 2，粗糙棱台"，字体属性为"微软雅黑、28 号、加粗、阴影、居中对齐"。

② 插入"对象元素"文件夹中的图片"图标（2）.jpg"，裁剪图片上多余的文字，调整大小为高 5.73 cm、宽 7.81 cm"。图片边框颜色为"浅绿"，粗细为"0.75 磅"，并与艺术字"左右居中"对齐。

③ 插入横排文本框，输入文本内容，字体属性设置为"微软雅黑、22 号、加粗、黑色、左对齐、首行缩进 1.6 cm，行间距为 1.5 倍"。

④ 插入直线形状，设置颜色为"浅蓝"，轮廓的粗细为"0.75 磅"，形状为"方点虚线"，"箭头样式 11"。

（3）内容页第四张幻灯片，插入的对象元素有"泪滴形、圆形形、方点直线，艺术字"，如图 5-9 所示。

① 插入泪滴形，大小为高 2.54 cm，宽 2.54 cm，样式为"紫色、无轮廓"，旋转"135"度。

【提示】在绘制形状时，按住【Shift】键可等比例绘制形状。

② 插入椭圆形形状，大小为高 1.93 cm、宽 1.93 cm，样式为"白色、无轮廓"，设置"置于顶层"，并将泪滴形与圆形进行对齐并组合。

③ 插入直线形状，宽度为 3.21 cm，颜色为"浅蓝"，轮廓的粗细为"0.75 磅"，形状为"方点虚线"，箭头样式 11，然后与上一个组合的形状进行对齐并再组合。

④ 插入艺术字"保密性"，艺术字样式为"填充-红色-强调文字颜色 2，粗糙棱台"，字体属性为"微软雅黑、24 号、加粗、阴影、居中对齐"，放置于图 5-9 所示的位置处，然后与上一

个组合的形状进行对齐并再组合。

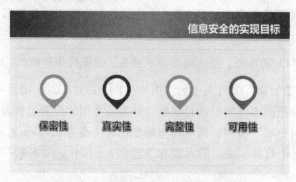

图 5-9 “内容页第四张幻灯片”效果图

⑤ 制作完第一个泪滴形+圆形+直线形+艺术字的组合后，按住【Ctrl】键的同时并拖到，再复制 3 个相同的对象，并依次将泪滴形的颜色修改为“蓝色、浅绿、橙色”，并依次修改文本内容“真实性、完整性、可用性”；为了排版上的美观，再将“参考线”显示出来，再次将 4 个组合后的对象进行对齐并移动到合适位置。

【**提示**】显示出参考线后，直接拖到水平或垂直参考线即可移动参考线位置，如果想增加水平或垂直的参考线，在按住【Ctrl】键的同时拖动即可。

（4）内容页第五张幻灯片，插入的对象元素为“表格”，如图 5-10 所示。

① 插入 4 行 2 列的表格并输入文本内容，设置表格样式为“浅色样式 3-强调 2”，调整表格大小为高 7 cm、宽 22.6 cm，并左右居中对齐。

② 字体的属性为“微软雅黑、18 号、左对齐垂直居中”，并为第一列增加圆形项目符号，项目符号的颜色为“蓝色”，大小为“70%字高”、加粗，并设置项目符号与文本内容的间距为“0.5 cm”。

• 信息泄露	信息被泄露或透露给某个非授权的实体
• 破坏信息的完整性	数据被非授权地进行增删、修改或破坏而受到损失
• 拒绝服务	对信息或其他资源的合法访问被无条件地阻止
• 非法使用	某一资源被某个非授权的人，或以非授权的方式使用

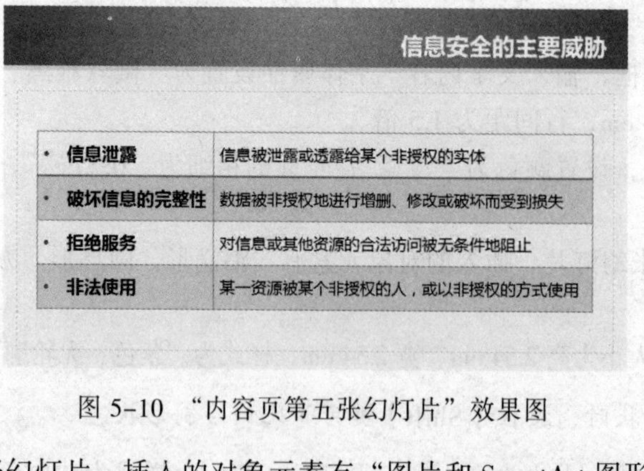

图 5-10 “内容页第五张幻灯片”效果图

（5）内容页第六张幻灯片，插入的对象元素有“图片和 SmartArt 图形”，如图 5-11 所示。

① 插入“对象元素”文件夹中的图片“图标（3）.jpg”，调整大小为高 7.65 cm、宽 10.2 cm，并设置图片的背景色为“透明”。

② 插入“垂直曲形列表 SmartArt 图形”，再增加两个形状，输入相应的文本内容，字体属性为“微软雅黑、20 号、加粗、左对齐”，样式设置为“彩色-强调文字颜色-细微效果”，SmartArt 图形的大小为高 9.25 cm、宽 15.2 cm。

③ 将"垂直曲形列表 SmartArt 图形"中的圆形全部更改为"十六角星"形状。

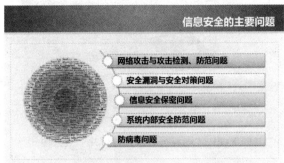

图 5-11 "内容页第六张幻灯片"效果图

（6）内容页第七张幻灯片，插入的对象元素有"文本框和直线形状及圆形形状"，如图 5-12 所示。

① 参照图 5-12 绘制直线线段，轮廓颜色为"黑色，文字 1，淡色 50%"，精细为"1 磅"，放置在相应的位置，并对插入的多条线段进行对齐及组合。

② 在直线段的相应一端插入与文本框内容颜色相同的正圆形，大小为高 0.47 cm、宽 0.47 cm，轮廓颜色为"白色、背景 1、深色 15%"，粗细为"0.75 磅、实线"，将圆形与直线进行对齐并组合。

【提示】正圆形的填充颜色依次从上到下、从左到右为"绿色、紫色、红色、蓝色、橙色、黑色"。

③ 插入 6 个文本框，并参照图 5-12 输入文本内容，字体属性为"微软雅黑、23 号、加粗、左对齐"，字体颜色从上到下、从左到右依次为"绿色、紫色、红色、蓝色、橙色、黑色"。

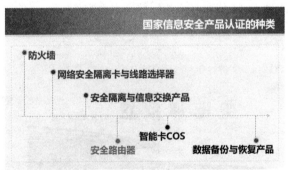

图 5-12 "内容页第七张幻灯片"效果图

（7）内容页第八张幻灯片，插入的对象元素为"视频"，如图 5-13 所示。

① 将"媒体元素"文件夹中的"移动电源真的能窃听吗.wmv"视频文件插入到当前幻灯片中，调整视频大小为高 10.7 cm、宽 24.73 cm，左右居中对齐，视频的外观样式为"细微型-简单的棱台矩形"。

② 设置为"单击时放映预览"，并剪裁视频的参数为"开始时间为 00:00、结束时间为 01:05"。

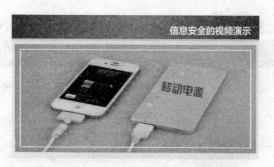

图 5-13 "内容页第八张幻灯片"效果图

（8）重用幻灯片，如图 5-14 所示。

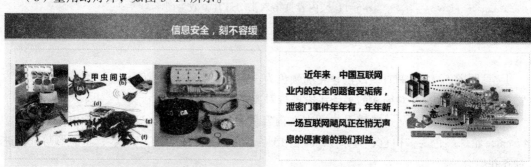

图 5-14 "重用幻灯片"效果图

① 选择第八张幻灯片，将提供的"部分幻灯片.pptx"演示文稿以"重用幻灯片"的形式全部添加到当前演示文稿中。

② 插入新的内容幻灯片后，将多余的空白（第十一张及第十二张）幻灯片删除。

（9）依次为图 5-7～图 5-14 的内容添加标题文本内容。

3. 结束页的制作（第十一张幻灯片），效果如图 5-15 所示。

图 5-15 "结束页"效果图

① 复制封面页的田字格与艺术字组合，并修改文本内容为"望批评指正"。

② 在最后一个田字格的上方和下方各插入直线，宽度为 8.5 cm 颜色设置为"白色、背景 1、深色 15%"，粗细为"0.75 磅"，形状为"方点虚线""箭头样式 11"。

③ 插入文本框并输入文本内容"2017 年 5 月 20 日"，字体属性设置为"微软雅黑、22 号、加粗、黑色、居中对齐"，并放置在图 5-15 所示的位置。

4. 为了防止演示文稿中字体的变动，可将字体设置为"将字体嵌入文件"以适于其他人编辑

5. 参照图 5-9～图 5-14，将幻灯片进行对象元素位置的调整，使幻灯片达到最佳的排版效果。

6. 将演示文稿中每张幻灯片保存为.jpg 格式的图像并退出当前应用程序。

任务 4 "信息安全"演示文稿动态效果的设置

素材文件位置：	素材文件\第 5 章　PowerPoint 2010 演示文稿\任务 4　动态效果的设置
最终文件位置	最终文件\第 5 章　PowerPoint 2010 演示文稿\任务 4　信息安全

实训目标

1. 掌握幻灯片的切换效果设置。
2. 掌握幻灯片对象元素动画效果的设置。
3. 掌握幻灯片的超链接设置。
4. 掌握幻灯片动作按钮的添加。

实训过程

1. 设置幻灯片的切换效果。

（1）为封面页设置的切换方式为"动态内容（轨道）"。

（2）为内容页设置的切换方式为"细微型（淡出）"。

（3）为结束页设置的切换方式为"华丽型（涟漪）"。

2. 为对象元素设置动画效果。

（1）请参照"最终文件–项目 5"中的已完成演示文稿，放映预览动画效果并模仿设置每张幻灯片中对象元素动画效果的设置

【提示】在对幻灯片中的对象进行相同动画效果的设置时，可使用"动画刷"来提高工作效率。

（2）封面页与结束页的切换持续时间设置为"01.60 秒"，内容页的切换持续时间设置为"02.00 秒"。

（3）演示文稿的换片方式全部设置为"单击鼠标时"并"无声音"。

3. 创建超链接。为封面页的图片创建超链接，指定链接到第八张幻灯片。

4. 添加动作按钮。选择最后一张幻灯片，添加可以跳转到"第一张"幻灯片的动作按钮并设置单击时播放声音为"照相机"，将动作按钮属性设置为"浅蓝色，无轮廓"，大小为高 1 cm、宽 1 cm，并"底端对齐与右对齐"排列，效果如图 5-16 所示。

图 5-16 "添加动作按钮"效果图

5. 保存并退出当前应用程序。

任务5 "信息安全"演示文稿的视图模式

素材文件位置：	素材文件\第5章　PowerPoint 2010 演示文稿\任务5　视图模式
最终文件位置	最终文件\第5章　PowerPoint 2010 演示文稿\任务5　信息安全

实训目标

1. 掌握演示文稿中视图方式和种类。
2. 区别各种视图模式的不同。

实训过程

1. 普通视图。在普通视图模式下，选择第一张幻灯片并在备注区中输入文本内容"演讲地点：空军勤务学院"。

【提示】普通视图是 PowerPoint 默认的视图模式，主要用于幻灯片的编辑。

2. 幻灯片浏览视图。

切换至"幻灯片浏览"视图模式，观察整个演示文稿的制作情况，并调整第六张幻灯片与第七张幻灯片的前后位置。

【提示】在该视图模式下，幻灯片以"缩略图"的方式显示，从而方便用户浏览所有幻灯片的整体效果。用户可以在该视图中添加或删除幻灯片，但是不能编辑幻灯片中的具体内容，每张幻灯片右下角的数字代表该幻灯片的编号。

3. 备注页视图。选择第十张幻灯片，在备注页视图模式下修改备注文本的字号为"16号"。

【提示】在该视图模式下，可以为当前幻灯片添加和更改备注信息。

4. 阅读视图。选择阅读视图，预览演示文稿的放映效果，并单击"关闭"控制按钮退出当前状态。

【提示】在该视图模式下预览演示文稿并不是全屏状态，窗口包含了标题栏和状态栏。

5. 幻灯片放映按钮。选择第七张幻灯片，单击"从当前幻灯片开始"按钮进行预览。

【提示】在普通视图模式下，按住【Ctrl】键的同时单击放映按钮时会在小窗口下预览幻灯片。

6. 保存并退出当前应用程序。

任务6 "信息安全"演示文稿的放映及输出

素材文件位置：	素材文件\第5章　PowerPoint 2010 演示文稿\任务6　放映及输出
最终文件位置	最终文件\第5章　PowerPoint 2010 演示文稿\任务6　信息安全

实训目标

1. 掌握演示文稿的放映设置。

2．熟练掌握演示文稿的放映技巧。

3．掌握演示文稿的打包输出。

实训过程

1．设置幻灯片放映。将演示文稿设置为"演讲者放映（全屏幕）并在放映时不加旁白"。

2．自定义幻灯片放映。

（1）为自定义幻灯片命名为"信息安全演讲（北京）"。

（2）指定演示文稿中所包含的幻灯片有：幻灯片 1、2、3、6、7、8、11。

3．放映预览。

（1）全屏放映预览（按【F5】键）。

（2）在普通视图小窗口中进行预览（按住【Ctrl】键的同时单击放映按钮）。

（3）按【Shift+F5】组合进行预览。

（4）在放映时，使用"荧光笔"对重点内容进行标注。

（5）在放映时定位至"幻灯片 1"，并放映自定义的幻灯片"信息安全演讲（北京）"在全屏模式下预览。

（6）放映时隐藏第十张幻灯片。

4．排练计时。请为当前演示文稿设置"排练计时"的时间，并在"浏览视图"模式下查看每张幻灯片的排练用时。

5．演示文稿的保存并发送。

（1）打包。

① 打包的文件夹命名为"信息安全（演讲使用）"。

② 保存两份，分别保存在 D 盘、E 盘根目录中。

③ 设置将字体嵌入文件（可将本地计算机应用到的字体在其他计算机中显示效果）。

（2）输出为视频。每张幻灯片的放映时间设置为"02:00"，保存格式为.WMV，并保存在 E盘根目录。

6．保存所有设置，并关闭当前演示文稿。

【课后笔记】

第 6 章

会声会影视频编辑

【导读】

视频具有内容丰富、表现力强等特点，在广告、影视、娱乐、宣传等领域有着广泛的应用。会声会影是一套操作最简单，功能最强悍的 DV、HDV 影片剪辑软件，不仅完全符合家庭或个人所需的影片剪辑功能，甚至可以挑战专业级的影片剪辑软件。

通过本章的学习，可以掌握如何使用会声会影软件进行视频的基本制作，包括认识会声会影，如何管理视频素材，如何剪辑视频，如何利用时间线编辑素材，如何实现视频切换，如何添加视频特效，添加音频，叠加字幕，预演并导出视频等。

任务　毕业留念相册的制作

素材文件位置：	素材文件\第 6 章　会声会影视频编辑\任务　毕业留念相册的制作
最终文件位置：	视频文件\第 6 章　会声会影视频编辑\毕业留念相册的制作

实训目标

1. 掌握会声会影的制作流程。
2. 掌握会声会影的工作界面。
3. 掌握视频编辑的相关术语。
4. 掌握视频编辑的制作技巧。

实训过程

1. 制作流程。

制作流程如图 6-1 所示。

图 6-1　视频的制作流程

2．项目文件的创建。

（1）打开"会声会影"应用程序，保存项目文件于 D 盘并命名为"毕业留念相册"。

（2）选择【设置】→【参数选择】命令，在弹出的对话框中选择【常规】选项卡，设置【自动保存间隔】为 6 min、【撤销级数】为 99 次。

3．片头的制作。

（1）选择【编辑】步骤面板，单击【即时项目】素材库，拖动"Beginning"菜单下的"IP-01"项目文件到时间轴上，并在【预览窗口】中进行预览。

（2）将音乐轨上的音乐删除并对覆叠轨的图片进行替换（替换为相片（3）.jpg）。

（3）修改标题轨上的文本为"我们的那些年"，字体属性为"时尚中黑简体、40 号"，并移动到合适的位置。

4．素材的管理与添加。

（1）选择【编辑】步骤面板，单击【媒体】素材库，添加一个新的文件夹并命名为"我的素材"。

（2）将"素材文件\项目 6\任务 1 毕业留念相册的制作"路径下的"相片"和"音乐"文件导入到新创建的"我的素材"文件夹中。

（3）切换至【故事板视图】模式下，选择需要的相片添加到项目中（相片 1～68）。

（4）切换至【时间轴视图】模式下，添加"那些年.mp3"音乐文件至音乐轨上，并将音乐前的"空白部分"删除掉，然后在歌词"那些年错过的大雨"处分割为两部分，并将两部分中间空出一些间距，如图 6-2 所示。

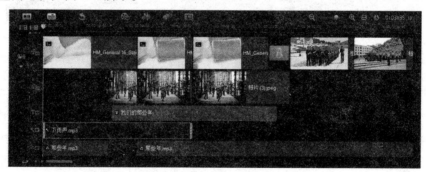

图 6-2　在音频轨上添加文件

（5）在【时间轴视图】模式下，添加"下雨声.mp3"音乐文件至声音轨上，将下雨声后的音乐部分删除掉（只保留下雨声），并设置为"淡入/淡出"属性。

5．特效编辑（在时间轴和故事板视图中均可进行特效的添加和编辑）。

（1）滤镜：可任意选择滤镜对素材文件添加特效效果，并可进行滤镜属性的设置。

（2）转场：可任意选择转场对素材文件添加特效效果，并可进行转场属性的设置。

6．覆叠轨的操作。

（1）将"素材文件\项目 6\任务 1 毕业留念相册的制作"路径下的"贴图"文件导入到新创建的"我的素材"文件夹中。

（2）在覆叠轨上将需要的"贴图"放置于合适位置，进行点缀和装饰（可调整大小和位置）。

（3）可为贴图添加"路径"动态效果（选择性操作）。

7．片尾的制作。

（1）选择【图形素材库>Color】命令，并添加"黑色"图形色块作为片尾的背景色，并将"色彩区间"拖动到与音乐文件结尾的相同长度。

（2）在轨道管理器中设置覆叠轨个数为2，界面中会多出一个覆叠轨。

（3）在覆叠轨1中添加"相片（3）、相片（10）、相片（17）"，照片区间各设置为"0:00:08:00"，调整到合适位置与大小，并添加转场效果。

（4）在覆叠轨2中添加"T（14）.png"文件，照片区间设置为"0:00:22:00"，并调整到合适位置与大小。

（5）选择覆叠轨1中的3张相片，双击，在出现的【属性】面板中各为其添加"遮罩"效果。

（6）选择"标题素材库"（第五个标题）至"标题轨"上，并调整到合适位置，文本内容修改为"大学说再见，却不跟青春道别，很多年后，我们把这个夏天叫做那年夏天，但是那年夏天，我们曾笑得很美，很绚烂"，字体为"黑体、31号、140行间距"，如图6-3所示。

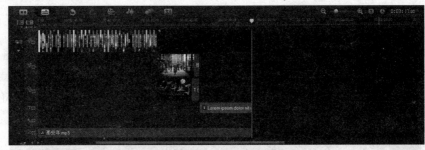

图6-3　制作尾片

8．项目输出与共享。将项目文件渲染输出为MPEG-4格式。

【课后笔记】

第 7 章 Photoshop 图像处理

【导读】

随着数字成像技术的发展以及智能终端的普及，图像已成为人们最容易获取的一种媒体形式。在多媒体技术中，图像经过数字化成为数字图像，可以通过计算机进行各种加工、变换和处理，以满足各种不同的应用需求。然而，Photoshop 却具有强大的图像编辑优势，它功能强大、易学易用，深受图形图像处理爱好者和平面设计人员的喜爱，已成为这一领域最流行的软件之一。

通过本章的学习，可以掌握 Photoshop 的基本操作方法和图形图像处理技巧，包括图像处理基础知识、选区的创建及编辑、修饰图像、路径的创建、色调调整、图层应用、文字的使用、通道的应用、蒙版的使用等内容。

任务 1　数码证件照片的制作

素材文件位置：	素材文件\第 7 章　Photoshop 图像处理\任务 1　数码证件照片的制作
最终文件位置：	最终文件\第 7 章　Photoshop 图像处理\任务 1　数码证件照片的制作

实训目标

1. 掌握 Photoshop 工作界面的组成。
2. 掌握图像文件的基本操作。
3. 掌握工具箱常用工具的使用。
4. 理解相关专业术语。

实训效果

本任务的效果图如图 7-1 所示。

图 7-1　"数码证件照片"效果图

实训过程

1. 裁剪原始文件大小。

（1）选择"文件→打开"命令，打开"人像1.jpg"图像文件。

（2）选择"视图→按屏幕大小缩放"命令，将图像缩放至合适大小。

（3）单击"裁剪工具"，将图像裁剪为适合大小。

（4）利用"图像→调整→曲线"命令适当调整图像的亮度。

2. 创建二寸相片。

（1）选择"文件→新建"命令，设置属性为宽2.5 cm、高3.5 cm，分辨率为"300像素/英寸"，颜色模式为"RGB"，背景内容为"白色"，图像文件名称为"证件照"。

（2）使用"移动工具"将"人像1.jpg"图像窗口中的图像移动至新建的窗口中。

（3）按【Ctrl+T】组合键将图像缩放至窗口的合适大小及位置。

（4）在"图层"面板中新建图层，并置于"背景"图层上方，命名为"背景颜色-蓝"。

（5）设置前景色为"R：52、G：126、B：248"，并按【Alt+Del】组合键填充在新建的图层中。

（6）选择"图层"面板的"图层1"将人物的白色背景删除。

【提示】本部分为讲解的重点部分，不能按部就班的学习，应根据图像的不同情况灵活地对图像进行抠图操作。

（7）选择"图层→合并图层"命令，将多个图层整合为一个图层。

（8）选择"图像→画布大小"命令，在弹出的对话框中分别把"宽度"和"高度"各加0.5 cm，其他参数保持默认，单击"确认"按钮改变画布大小（确保画布扩展颜色为"白色"）。

3. 创建整版二寸相片。

（1）选择"编辑→定义图案"命令，弹出"图案名称"对话框，定义名称为"证件照"。

（2）按【Ctrl+N】组合键，弹出"新建"对话框，在其中设置名称为"整版证件照"，"宽度"和"高度"分别为12 cm和8 cm，分辨率为"300像素/英寸"，颜色模式为"RGB"，背景内容为"白色"。

（3）选择"编辑→填充"命令，在弹出的对话框中选择"使用"下拉列表中的"图案"，然后单击"自定图案"下拉按钮，从弹出的图案列表中选择自定义的图案，其他参数保持默认。

任务2　学院文化生活展板的制作

素材文件位置：	素材文件\第7章　Photoshop图像处理\任务2　学院文化生活展板的制作
最终文件位置：	最终文件\第7章　Photoshop图像处理\任务2　学院文化生活展板的制作

实训目标

1. 掌握图像文件的属性设置及创建。

2．掌握图层及"图层"面板的操作。

3．掌握文本输入及属性设置。

4．掌握展板的版面设计原则与颜色搭配。

5．掌握 PSD 文件的借鉴与利用。

实训效果

本任务的效果图如图 7-2 所示。

图 7-2　"学院文化生活展板"效果图

实训过程

1．PSD 源文件资源的获取。

（1）在互联网的搜索引擎中，如"百度"可输入多个提供 PSD 素材文件的下载网址，如 http://www.sccnn.com，即可获取相应的资源。

（2）在 Photoshop 中打开并查看 PSD 源文件中的各个组成图层元素。

2．创建图像文件。

（1）选择"文件→新建"命令，设置属性为宽 230 cm、高 115 cm，分辨率为"72 像素/英寸"，颜色模式为"RGB"，背景内容为"白色"，图像文件名称为"党政展板"。

（2）借鉴下载的"PSD 源文件"中的元素，根据最终效果图进行组合，如图 7-3 所示。

图 7-3　修改后的展板

（3）将借鉴的图层重新进行命名，以便于查找并编辑。

（4）文本标题的属性如图 7-4 所示，颜色叠加的值为 R：245、G：59、B：2。

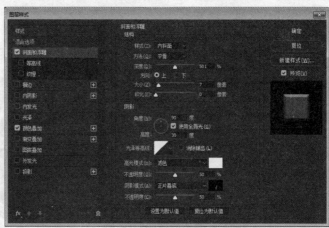

图 7-4　文本标题的属性设置

（5）文本内容的属性如图 7-5 所示，并利用标尺进行版面的布局。

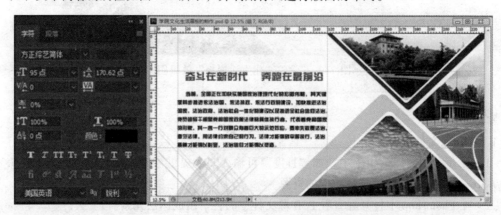

图 7-5　文本内容的属性设置及参考线的版面布局

【课后笔记】

第 8 章

计算机网络与 Internet

【导读】

计算机网络是计算机技术和通信技术相结合的产物，它使人们可以不受时间、地域等的限制，实现信息交换和资源共享。互联网的应用更是极大地推进了人类社会信息化的进程，世界地球村已不再是遥不可及的幻想，因此，了解并掌握计算机网络应用技能已经成为信息社会对人们的必然要求。本章将重点介绍计算机网络基础知识，帮助用户掌握互联网应用的基本技能。网络基础知识是全国计算机等级考试一级和二级（MS Office）的内容。

任务 1　网络的配置

素材文件位置：	素材文件\第 8 章　计算机网络与 Internet\任务 1　网络的配置
最终文件位置：	最终文件\第 8 章　计算机网络与 Internet\任务 1　实训解析

实训目标

1. 掌握查看 IP 地址相关配置的方法。
2. 掌握网络标识与资源共享的设置方法。

实训过程

1. 查看本地计算机的 IP 地址及连接。请在 DOS 下查看本机的 IP 地址和本地连接的情况。

【提示】选择【开始】→【运行】命令，在弹出的对话框中输入“cmd”命令，单击【确定】按钮，在打开的【命令提示符】窗口中输入“IPconfig /all”，此时会列出 IP 的相关配置信息。

2. 设置网络标识。右击【计算机】图标，选择【属性】命令，在弹出的对话框中更改计算机名，在【隶属于】选项区中选择“工作组”并命名为“我的学院”，重启后生效。

【提示】此步骤不需要重新启动，只要求掌握操作方法即可。

3. 显示本地连接图标。设置在【通知区域】显示网络连接的图标，当连接被限制或无连接时发出通知。

4. 查看本地计算机的 IP 地址及 DNS 服务器地址。

5. 文件共享。启用"网络发现"与"文件共享"功能，将"信息安全"文件夹进行文件共享，设置为"Everyone"并可读取/写入。

任务 2　IE 浏览器的应用

素材文件位置：	素材文件\第 8 章　计算机网络与 Internet\任务 2　IE 浏览器的应用
最终文件位置：	视频文件\第 8 章　计算机网络与 Internet\任务 2　实训解析

实训目标

1. 掌握 IE 浏览器的界面特点、启动及关闭的基本方法。
2. 掌握 IE 浏览器中设置主页、临时文件、历史记录的基本方法。
3. 掌握保存、管理收藏夹的方法及技巧。

实训过程

1. 启动 Internet Explorer 浏览器。双击桌面或快速启动栏上的 IE 图标，启动 Internet Explorer 浏览器。

2. 浏览网页。

（1）打开网页。在 IE 地址栏中输入 http://www.china.com.cn 网址，按【Enter】键或单击【转到】按钮，打开要浏览的网页，并单击超链接并进行相关信息的浏览。

（2）浏览刚访问过的网页。在浏览过一些网页后，如果要再次浏览已访问的网页，就不必重新输入网址打开网页，可以使用工具栏上最实用的一组按钮，分别为后退、前进、停止和刷新及主页。

【提示】浏览器具有缓存机制，它能把用户访问过的网页暂时存放在系统文件夹中以方便用户再次访问，从而提高了访问速度。

（3）浏览以前访问过的网页。

在 Internet Explorer 窗口单击工具栏上的【历史】按钮，打开【历史记录】窗格，单击窗格中的网址，可以迅速打开相应的网页。

3. 保存网络信息。

（1）保存当前网页。请将 IE 的主页内容保存在 D 盘空间内。

【提示】在保存位置会生成一个网页文件和与网页文件同名的文件夹，其中存放了与网页相关的图片等文件。

（2）保存与复制网页上的图片。将网页中的任意一张图片保存到"我的文档/图片收藏/示例图片"文件夹中，并重命名为"下载资源"。

（3）保存与复制网页上的部分文字。打开 http://www.china.com.cn 网页，单击"学院概况"按钮，在弹出的下拉列表中选择"今日中国"，在弹出的窗口中将学院简介文本内容保存到"记事本"程序中，命名为"今日中国"，并保存在 D 盘中。

（4）使用收藏夹。打开 IE 浏览器的主页并链接到"大数据中国"网页，并将该网页收藏在"收藏夹"中自创建的"常用网页"文件夹中。

4．配置 Internet Explorer 浏览器的常用参数。

（1）设置主页。右击 IE 图标，选择【属性】命令，在弹出的【Internet 属性】对话框中选择【常规】选项卡，请将 http://www.china.com.cn 网址的网页设置为主页。

（2）设置 IE 临时文件。右击 IE 图标，选择【属性】命令，在弹出的【Internet 属性】对话框中选择【常规】选项卡，请查看保存在本地计算机中的临时文件，随后删除 IE 临时文件夹中的文件，并将 Internet 临时文件夹所占用的磁盘空间修改为 250 MB。

（3）设置历史记录。右击 IE 图标，选择【属性】命令，通过【Internet 属性】对话框【常规】选项卡中的【历史记录】栏，重新设置网页保存在历史记录中的天数为 10 天，然后清除所有历史记录内容。

（4）设置网页的颜色、字体和语言。设置 IE，使得在浏览网页时，访问过的超链接显示为"蓝色"，未访问过的超链接显示为"红色"，且网页字体设置为"华文宋体"。

（5）安全设置。请将安全级别的等级设置为中级。

（6）设置默认浏览器。请将 IE 浏览器设置为 Web 默认的浏览器。

5．使用搜索引擎搜索资料。在校园网主页的【站内搜索】文本框中输入"训练"关键字，将会搜索出相关关键字的信息内容，然后进行链接查阅。

【提示】关键词是表达所要查找网络资源信息主题的单词或短语。使用关键词可以参照如下方法：

① 使用加号"+"或空格把几个关键词相连可以搜索到同时拥有这几个关键字段的信息。

② 给关键词加双引号（半角方式），可以实现精确的查询，使关键字段在查询结果中不被拆分。

③ 组合的关键词用减号"－"连接，在查询结果中不会显示"－"后的关键字查询的信息。

任务3　即时通信

素材文件位置：	素材文件\第 8 章　计算机网络与 Internet\任务 3　即时通信
最终文件位置：	最终文件\第 8 章　计算机网络与 Internet\任务 3　实训解析

实训目标

1．掌握即时通信工具的安装及设置属性的方法。

2．掌握即时通信工具的资源共享。

实训过程

1．将"飞 Q"应用程序安装在计算机中，并设置用户名、头像、个性签名等属性，同时设置为：不保存聊天记录，并指定自动接收文件的路径为 D 盘，设置自动刷新的时间间隔为 15 min。

2．请在飞 Q 应用程序中进行远程协助的操作。

3．将文件夹"共享图片"设置为共享文件夹，并设置密码，然后相互之间进行文件的下载共享。

任务 4   启用防火墙

素材文件位置：	素材文件\第8章　计算机网络与Internet\任务4　启用防火墙
最终文件位置：	最终文件\第8章　计算机网络与Internet\任务4　实训解析

实训目标

1．理解防火墙的作用。

2．掌握防火墙的设置。

实训过程

1．打开"控制面板"窗口，单击【Windows 防火墙】超链接，在打开的窗口中选择【使用推荐设置】选项。

【提示】在 Windows 操作系统中，默认为所有网络和因特网启用 Windows 防火墙。Windows 防火墙有助于保护计算机，以免遭受来自网络的入侵。也可以安装带有防火墙功能的杀毒软件，同样能起到保护计算机的作用。

2．安装【美图秀秀】应用程序，在【Windows 防火墙】界面设置【允许程序或功能通过Windows 防火墙】成为信任的应用程序。

【提示】用户信任的应用可以添加到【允许的应用】列表，也可以将不安全的程序从【允许的应用】列表中取消，让防火墙重新阻止。

任务 5   计算机网络安全

素材文件位置：	素材文件\第8章　计算机网络与Internet\任务5　计算机网络安全
最终文件位置：	最终文件\第8章　计算机网络与Internet\任务5　实训解析

实训目标

1．掌握杀毒软件的安装方法。

2．掌握杀毒软件保护计算机的使用及设置方法。

实训过程

1．安装杀毒软件。安装 360 杀毒软件在本地计算机上。

2．使用杀毒软件。打开 360 杀毒软件，自定义扫描 D 盘空间中的文件。

任务 6   电 子 邮 件

素材文件位置：	素材文件\第8章　计算机网络与Internet\任务6　电子邮件
最终文件位置：	最终文件\第8章　计算机网络与Internet\任务6　实训解析

实训目标

1. 掌握电子邮件的撰写与发送以及接收与阅读的方法。
2. 掌握电子邮箱中通讯录的操作与使用方法。
3. 了解电子邮箱的选项设置方法。

实训过程

1. 设置 Outlook Express。启动 Outlook 并根据向导逐一完成相关设置。
2. 发送电子邮件。单击【新建】按钮，在【收件人】栏中填写相关信息，以密件抄送的形式将"图片"文件夹以附件的形式发送，并留言"请勿修改文件名，谢谢！"。

任务 7　主题概括

通过任务 7 的学习，加强计算机的安全意识，掌握计算机的安全操作技能。

从以下主题中选择其一进行论述，不拘泥于书本，但可查阅相关资料，字数在 600 字以上，要有自己的见解。

（1）什么是计算机网络？计算机网络的主要作用是什么？

（2）浅谈计算机网络的发展。

（3）简述计算机病毒的特点及预防措施。

第❷部分

理论知识习题集

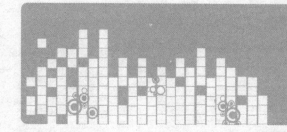

第 1 章
计算机基础知识习题

一、选择题

1. 计算机的发展阶段通常是按计算机所采用的（　　）来划分的。
   A．内存容量　　　B．电子器件　　　C．操作系统　　　D．程序设计语言

2. CAD 是计算机的一个应用领域，其含义是（　　）。
   A．计算机辅助设计　　　　　　　B．计算机辅助制造
   C．计算机辅助工程　　　　　　　D．计算机辅助教学

3. 从第一代电子计算机到第四代电子计算机的体系结构都是相同的，都是由运算器、控制器、存储器以及输入/输出设备组成的，称为（　　）体系结构。
   A．艾伦·图灵　　B．冯·诺依曼　　C．布尔　　　　　D．帕斯卡

4. 计算机内存储器可分为（　　）两类。
   A．RAM 和 ROM　　　　　　　　B．硬盘和 U 盘
   C．RAM 和 EPROM　　　　　　　D．内存储器和外存储器

5. 内存储器的每一个存储单元都被赋予唯一的序号，称为（　　）。
   A．地址　　　　　B．标号　　　　　C．容量　　　　　D．内容

6. 下列选项中决定计算机运算精度的是（　　）。
   A．主频　　　　　B．字长　　　　　C．内存容量　　　D．硬盘容量

7. 计算机能够直接识别和执行的程序是（　　）。
   A．汇编语言　　　B．机器语言　　　C．高级语言　　　D．面向对象语言

8. 世界上是第一台电子计算机诞生于（　　）年。
   A．1942　　　　　B．1945　　　　　C．1946　　　　　D．1952

9. 计算机中运行器的主要功能是负责（　　）。
   A．分析指令并执行　　　　　　　B．控制计算机的运行
   C．存取内存中的数据　　　　　　D．算术运算和逻辑运算

10. 下面（　　）组中的设备不全属于输出设备。
    A．显示器、音箱　B．摄像头、音箱　C．打印机、音箱　D．打印机、显示器

11. 在计算机内一切信息的存取、传输和处理都是以（　　）形式进行的。
    A．ASCII 码　　　B．BCD 码　　　　C．二进制　　　　D．十进制

12. 目前市场上流行的 Core i7 微机中的 Core i7 指的是（　　　）。
    A．硬盘容量　　　　B．主频　　　　　　C．微处理器型号　　D．内存容量
13. 下列微机存储器中，存取速度最快的是（　　　）。
    A．硬盘　　　　　　B．U 盘　　　　　　C．CD-ROM　　　　D．内存
14. 办公自动化是计算机的一项应用，按计算机应用的分类，它属于（　　　）。
    A．科学计算　　　　B．实时控制　　　　C．数据处理　　　　D．辅助设计
15. 目前普遍使用的微机，所采用的逻辑原件是（　　　）。
    A．电子管　　　　　　　　　　　　　　B．晶体管
    C．集成电路　　　　　　　　　　　　　D．（超）大规模集成电路
16. 在表示存储容量时，1 MB 表示 2 的（　　　）次方，或是（　　　）KB。
    A．20 1000　　　　B．10 1000　　　　C．20 1024　　　　D．10 1024
17. 机器指令是计算机能直接执行的指令，包括两个部分：（　　　）。
    A．源操作数和目标操作数　　　　　　　B．操作码和操作数
    C．ASCII 码和汉字代码　　　　　　　　D．数字与文字
18. 微型计算机中，控制器的基本功能是（　　　）。
    A．实现算术运算和逻辑运算　　　　　　B．存储各种控制信息
    C．保持各种控制状态　　　　　　　　　D．控制机器各个部件协调一致地工作
19. 操作系统的作用是（　　　）。
    A．控制管理系统资源　　　　　　　　　B．编译源程序
    C．进行数制转换　　　　　　　　　　　D．解释执行原程序
20. 计算机的软件系统通常分为（　　　）。
    A．系统软件和应用软件　　　　　　　　B．高级软件和一般软件
    C．军用软件和民用软件　　　　　　　　D．管理软件和控制软件
21. 物理器件采用集成电路的计算机被称为（　　　）。
    A．第一代计算机　　　　　　　　　　　B．第二代计算机
    C．第三代计算机　　　　　　　　　　　D．第四代计算机
22. 世界上第一台电子数字计算机取名为（　　　）。
    A．UNIVAC　　　　B．EDSAC　　　　　C．ENIAC　　　　　D．EDVAC
23. 下列对计算机的分类，不正确的是（　　　）。
    A．按使用范围可分为通用计算机和专用计算机
    B．按性能可分为超级计算机、大型计算机、小型计算机、工作站和微型计算机
    C．按 CPU 芯片可分为单片机、单板机、多芯片机和多板机
    D．按字长可以分为 8 位机、16 位机、32 位机和 64 位机
24. 现代计算机之所以能自动地连续进行数据处理，主要是因为（　　　）。
    A．采用了开关电路　　　　　　　　　　B．采用了半导体器件
    C．具有存储程序的功能　　　　　　　　D．采用了二进制
25. 一个完整的计算机系统通常应包括（　　　）。
    A．系统软件和应用软件　　　　　　　　B．计算机及其外围设备
    C．硬件系统和软件系统　　　　　　　　D．系统硬件和系统软件

26. "存储程序"的核心概念是（　　　　）。

    A. 事先编号程序　　　　　　　　　　B. 把程序存储在计算机内存中

    C. 事后编号程序　　　　　　　　　　D. 将程序从存储位置自动取出并逐条执行

27. 一个计算机系统的硬件一般是由（　　　）部分构成的。

    A. CPU 键盘、鼠标和显示器

    B. 运算器、控制器、存储器、输入设备和输出设备

    C. 主机、显示器、打印机和电源

    D. 主机、显示器和键盘

28. CPU 是计算机硬件系统的核心，它是由（　　　）组成的。

    A. 运算器和控制器　　　　　　　　　B. 控制器和存储器

    C. 高级语言　　　　　　　　　　　　D. 机器语言

29. 计算机能按照人们的意图自动高速地进行操作，是因为采用了（　　　）。

    A. 程序存储在内存　　　　　　　　　B. 高性能的 CPU

    C. 高级语言　　　　　　　　　　　　D. 机器语言

30. 以下描述不正确的是（　　　）。

    A. 内存与外存的区别在于内存是临时性的，而外存是永久性的

    B. 内存与外存的区别在于外存是临时性的，而内存是永久性的

    C. 平时说的内存是指 RAM

    D. 从输入设备输入的数据直接存放在内存

31. 下列叙述，正确的说法是（　　　）。

    A. 键盘、鼠标、光笔、数字化仪和扫描仪都是输入设备

    B. 打印机、显示器、数字化仪都是输出设备

    C. 显示器、扫描仪、打印机都不是输入设备

    D. 键盘、鼠标和绘图仪都不是输出设备

32. 指令的解释是由电子计算机的（　　　）部分来执行的。

    A. 控制　　　　　B. 存储　　　　　C. 输入/输出　　　　D. 算术和逻辑

33. 通常我们所说的 64 位机，指的是这种计算机的 CPU（　　　）。

    A. 是由 64 个运算器组成的　　　　　B. 能够同时处理 64 位二进制数据

    C. 包含有 64 个寄存器　　　　　　　D. 一共有 64 个运算器和控制器

34. 下列说法中正确的是（　　　）。

    A. 计算机体积越大，其功能就越强

    B. 在微机性能指标中，CPU 的主频越高，其运行速度越快

    C. 两个显示器大小相同，则它们的分辨率必定相同

    D. 点阵打印机的针数越多，则能打印的汉字字体越多

35. 操作系统是（　　　）。

    A. 软件与硬件的接口　　　　　　　　B. 主机与外围设备的接口

    C. 计算机与用户的接口　　　　　　　D. 高级语言与机器语言的接口

36. 断电后，会使原存储的信息丢失的是（　　　）。
　　A. RAM　　　　B. 硬盘　　　　　　C. ROM　　　　　　D. 软盘

37. 计算机的存储系统通常包括（　　　）。
　　A. 内存储器和外存储器　　　　　　B. U 盘和硬盘
　　C. ROM 和 RAM　　　　　　　　　D. 内存和硬盘

38. 计算机的内存容量通常是指（　　　）。
　　A. RAM 的容量　　　　　　　　　　B. RAM 与 ROM 的容量总和
　　C. U 盘与硬盘的容量总和　　　　　D. RAM、ROM、U 盘和硬盘的容量总和

39. 下列选项中，都是硬件的是（　　　）。
　　A. Windows、ROM 和 CPU　　　　B. WPS、RAM 和显示器
　　C. ROM、RAM 和 Pascal　　　　　D. 硬盘、光盘和 U 盘

40. 第一台计算机诞生于（　　　）。
　　A. 美国　　　　B. 英国　　　　　　C. 法国　　　　　　D. 比利时

41. 第一台电子计算机 ENIAC 的逻辑部件是（　　　）。
　　A. 集成电路　　B. 大规模集成电路　C. 晶体管　　　　　D. 电子管

42. 计算机对数据进行处理，包括对数据的（　　　）等活动。
　　A. 收集　　　　B. 存储　　　　　　C. 检索　　　　　　D. 以上都是

43. 计算机硬件系统的中最核心的部件是（　　　）。
　　A. 硬盘　　　　B. CPU　　　　　　C. 内存设备　　　　D. I/O 设备

44. 下列各组设备中，全部属于输入设备的一组是（　　　）。
　　A. 键盘、磁盘和打印机　　　　　　B. 键盘、扫描仪和鼠标
　　C. 键盘、鼠标和显示器　　　　　　D. 硬盘、打印机和键盘

45. 能直接与 CPU 交换信息的存储器是（　　　）。
　　A. 硬盘　　　　B. U 盘　　　　　　C. CD-ROM　　　　D. 内存设备

46. 下列软件中，属于系统软件的是（　　　）。
　　A. WPS　　　　B. Word　　　　　　C. Windows　　　　D. Excel

47. 应用软件是指（　　　）。
　　A. 所有软件的统称　　　　　　　　B. 能被各应用单位共同使用的某种软件
　　C. 所有微机上都应使用的基本软件　D. 为某一应用目的而编制的软件

48. 下列软件中，属于应用软件的是（　　　）。
　　A. DOS　　　　B. Word　　　　　　C. Windows　　　　D. 编译程序

49. DOS 软件属于（　　　）。
　　A. 操作系统　　B. 应用软件　　　　C. 文字处理软件　　D. 数据库管理系统

50. 微机系统的开机顺序是（　　　）。
　　A. 先开主机再开外设　　　　　　　B. 先开显示器再开打印机
　　C. 先开打印机再开显示器　　　　　D. 先开外设再开主机

51. 微机系统的关机顺序是（　　　）。
　　A. 先关主机再关外设　　　　　　　B. 先关外设再关主机
　　C. 同时关闭主机和外设　　　　　　D. 先关闭打印机再关闭显示器

52. 下列设备中，不是多媒体计算机必须具有的设备是（　　　）。
 A. 声卡　　　　　B. 视频卡　　　　　C. CD-ROM　　　　D. UPS 电源

53. 计算机的分类，如按照计算机的处理能力将其分为（　　　）。
 A. 微型计算机、小型计算机、大型计算机和智能计算机
 B. 微型计算机、台式计算机、大型计算机和超级计算机
 C. 微型计算机、小型计算机、大型计算机和超级计算机
 D. 微型计算机、笔记本式计算机、大型计算机和超级计算机

54. 下列属于计算机输入设备的是（　　　）。
 A. 麦克风和音箱　　　　　　　　　B. 扫描仪和服务器
 C. 服务器和麦克风　　　　　　　　D. 麦克风和扫描仪

55. 高速缓冲存储器（Cache）用于解决（　　　）。
 A. 中央处理器和主存储器之间速度不匹配
 B. 主存储器和硬盘之间速度不匹配
 C. 主存储器和打印机之间速度不匹配
 D. 中央处理器和硬盘之间速度不匹配

56. 内存中有一小部分用于永久存放特殊的专用数据，为只读存储器，简称（　　　）。
 A. RAM　　　　　B. ROM　　　　　C. DOS　　　　　D. WPS

57. 下列设备中，既能向主机输入数据又能接收由主机输出数据的是（　　　）。
 A. 显示器　　　　B. 打印机　　　　C. 磁盘驱动器　　　D. 扫描仪

58. 一个字节由（　　　）位二进制数组成。
 A. 4　　　　　　B. 8　　　　　　C. 16　　　　　　D. 32

59. 关于二进制，不正确的说法是（　　　）。
 A. 十进制中的 2，在二进制中用 10 表示
 B. 反映二进制信息的指标有位、字、字长、字节等
 C. 在计算机内部，一切信息的存放、处理和传送均采用二进制代码表示
 D. 在计算机内部采用二进制数，外部设备输入/输出则采用十六进制数

60. 下列各组的 3 个数依次为二进制、八进制和十六进制数，符合要求的是（　　　）。
 A. 11，78，19　　　　　　　　　B. 12，77，10
 C. 12，80，10　　　　　　　　　D. 11，77，19

61. 十进制数 121 转换成二进制数是（　　　）。
 A. 01110101　　　B. 01111001　　　C. 10011110　　　D. 01111000

62. 二进制数 11111110 转换成十进制数是（　　　）。
 A. 251　　　　　B. 252　　　　　C. 253　　　　　D. 254

63. 在不同进制的 4 个数中，最小的一个数是（　　　）。
 A. $(11011001)_2$　B. $(75)_{10}$　　　C. $(37)_8$　　　　D. $(A7)_{16}$

64. 1 KB 的含义是（　　　）。
 A. 1 000 个汉字　　　　　　　　B. 1 024 个汉字
 C. 1 000 个字节　　　　　　　　D. 1 024 个字节

65. 英文单词"byte"表示（　　）。
　　A. 位　　　　　　B. 字　　　　　　C. 字节　　　　　　D. 字长

66. 衡量计算机内存容量的基本单位是（　　）。
　　A. 字符　　　　　B. 字长　　　　　C. 字节　　　　　　D. 位

67. 存储一个汉字需要（　　）字节。
　　A. 1　　　　　　B. 2　　　　　　C. 3　　　　　　　D. 4

68. 将十进制数 215 转换为八进制数是（　　）。
　　A. 327　　　　　B. 268.75　　　　C. 352　　　　　　D. 326

69. ASCII 码是一种字符编码，常用（　　）位码。
　　A. 7　　　　　　B. 16　　　　　　C. 10　　　　　　D. 32

70. 将二进制数 1101001.0100111 转换成八进制数是（　　）。
　　A. 151.234　　　B. 151.236　　　C. 152.234　　　　D. 151.237

71. 将十六进制数 1A6.2D 转换成二进制数是（　　）。
　　A. 111010101.10101010　　　　　B. 1111010101.000011010
　　C. 110100110.00101101　　　　　D. 1110010001.100011101

72. 国际码规定，每个字符由一个（　　）字节代码组成。
　　A. 4　　　　　　B. 2　　　　　　C. 1　　　　　　　D. 3

73. ASCII 码是表示（　　）的代码。
　　A. 西文字符　　　B. 浮点数　　　　C. 汉字和西文字符　D. 各种文字

74. 计算机中表示信息的最小单位是（　　）。
　　A. 位　　　　　　B. 字　　　　　　C. 字节　　　　　　D. 二进制

75. 八进制数 0.1 转化为十六进制数是（　　）。
　　A. 0.01　　　　　B. 0.1　　　　　C. 0.2　　　　　　D. 0.5

76. DVD 优于 CD 是因为 DVD（　　）。
　　A. 容量更大　　　B. 读取速度更快　C. 分辨率高　　　　D. 以上说法都是

77. 操作系统是一种（　　）。
　　A. 系统软件　　　　　　　　　　　B. 软件和硬件的统称
　　C. 为某种用途编写的软件　　　　　D. 一种编写软件的环境

78. Linux 操作系统是一种（　　）操作系统。
　　A. 应用在特定机型　　　　　　　　B. 尚未正式应用
　　C. 源代码公开　　　　　　　　　　D. 兼容性稍差

79. 在多媒体计算机中，最适合存储声音、图像、视频等多媒体信息的是（　　）。
　　A. U 盘　　　　　B. 硬盘　　　　　C. CD-ROM　　　　D. ROM

80. 全拼输入法属于（　　）。
　　A. 音码输入法　　B. 形码输入法　　C. 音形输入法　　　D. 联想输入法

二、填空题

　　1. 计算机的硬件系统由 5 个部分组成，分别为＿＿＿＿＿、＿＿＿＿＿、＿＿＿＿＿、
　　　＿＿＿＿＿和输出设备。

2．运算器是执行_____和_____运算的部件。

3．CPU 通过_____与外围设备交换信息。

4．在计算机的外围设备中，除外存储器（硬盘、U 盘、光盘和磁带机等），最常用的输入设备有_____、_____，输出设备有_____、_____。

5．通常一条指令由_____和_____组成。

6．第三代计算机逻辑元器件用到的是_____。

7．CPU 的中文名称是_____。

8．计算机软件系统主要分为_____和_____两大类。

9．计算机系统最基本的输入设备是_____和_____。

10．计算机系统最基本的输出设备是_____和_____。

11．二进制只有_____和_____两个数码。

12．十进制数"65"用二进制数表示是_____。

13．二进制数"11001"用十进制数表示是_____。

14．八进制数"320"转换成十进制数是_____，转换成二进制数是_____。

15．十六进制数"2AB"转换成十进制数是_____，转换成十六进制是_____。

16．二进制数"10001010"转换成八进制数是_____，转换成十六进制数是_____。

17．表示存储器容量时，1 MB 是_____字节，1 GB 是_____字节。

18．ROM 和 RAM 都属于_____存储器，计算机正常关机或非正常断电时，_____中的信息全部被清除，但_____中的信息仍然存在。

19．冷启动是指_____的启动方式。

20．计算机具有_____、_____、_____、_____和_____的特点。

21．CAD 是指_____。

22．CAI 是指_____。

23．第一台电子计算机至今经历了_____个发展阶段。

24．ENIAC 是采用_____作为基本电子器件的电子计算机。

25．第一台电子计算机_____诞生于_____年的_____（国家）。

26．一个完整的计算机系统包括_____和_____两大部分。

27．计算机硬件是指_____。

28．计算机软件是指_____。

29．裸机是指_____。

30．中央处理器_____由_____和_____构成。

31．计算机的主机包括_____和_____两个部分。

32．运算器可以完成的运算有_____和_____。

33．控制器的作用是_____。

34．存储器的作用是_____。

35．输入设备的作用是_____。

76

36．输出设备的作用是_____。

37．软件系统是指_____。

38．软件系统包括_____。

39．遵循逢二进一计数规律形成的数是_____，它的进位基数是_____。用来表示数字的符号有_____。

40．数据和信息在计算机中都是以_____的形式存储和处理。

41．将一个二进制转化为十进制数表示，只要_____。

42．十进制整数转换为二进制的要诀有_____。

43．十进制小数转换为二进制小数的要诀有_____。

44．计算机中数据的最小单位是_____，数据的基本单位是_____。

45．计算机的发展划分为 4 个重要的发展阶段，即_____、_____、_____和_____。

46．电子计算机的发展趋势是_____、_____、_____和_____。

47．按照运算速度、存储容量、指令系统的规模等综合指标，可将通用计算机划分为：_____、_____、_____、_____和_____。

48．第一代电子计算机采用的物理器件是_____。

49．计算机能够直接执行的计算机语言是_____。

50．微型计算机的种类很多，主要分为台式机、笔记本计算机和_____。

51．bit 的意思是_____。

52．_____位二进制数表示的信息容量叫一个字节。

53．十进制数 10 转换成八进制数是_____。

54．十六进制数 7B 对应的八进制数为_____。

55．十进制数 10 转换成二进制数是_____。

56．八进制数 126 对应的十进制数是_____。

57．将二进制数 01100101 转换成八进制数是_____。

58．将二进制数 01100101 转换成十六进制数是_____。

59．将八进制数 150 转换成二进制数是_____。

60．在进位计数制中，基数的含义为数字符号的_____。

三、判断题

1．（　　）CPU 主要由运算器和控制器组成。

2．（　　）计算机的性能完全由 CPU 决定。

3．（　　）Windows 操作系统带有多媒体功能。

4．（　　）1 KB 存储容量是 1 000 字节。

5．（　　）字节是计算机最小的存储单位。

6．（　　）在计算机中任何形式的数据都是以二进制的形式存储的。

7．（　　）二进制数转换成八进制数的方法，是将二进制数从左到右每 3 位分为一组，然后分别将该组的二进制数转换为八进制数。

8．（　　）磁盘驱动器是一种输出设备。

9. ( ) ROM 中存储的信息断电即消失。

10. ( ) 系统软件是外购的软件，应用软件是用户自己编写的软件。

11. ( ) 某高校教务管理系统是一个应用软件。

12. ( ) 硬盘都是安装在机箱内部的。

13. ( ) U 盘是一种移动存储设备。

14. ( ) 操作系统是重要的一种系统软件。

15. ( ) 微机启动时，应先开显示器等外设，后开主机，关机顺序也一样。

16. ( ) 应用软件是指能被某个应用单位共同使用的某种软件。

17. ( ) 微型计算机能处理的最小数据单位是字节。

18. ( ) 系统软件是在应用软件的基础上开发的。

19. ( ) 计算机只能做科学计算。

20. ( ) 输入设备的作用是把信息输入计算机。

21. ( ) 外存上的信息可以直接进入 CPU 被处理。

22. ( ) 一台微机必备的输入设备是 CPU、键盘和显示器。

23. ( ) 磁盘的存储容量与其尺寸大小成正比。

24. ( ) 只有通过操作系统才能完成对计算机的各种操作。

25. ( ) 计算机的核心是内存储器。

26. ( ) 一个汉字在计算机存储器中占用两个字节。

27. ( ) 计算机中的字符，一般采用 ASCII 码编码方案。若已知"H"的 ASCII 码值为 48H，则可能推断出"J"的 ASCII 码值为 50H。

28. ( ) CD-ROM 是一种可读可写的外存储器。

29. ( ) 操作系统把刚输入的数据或程序存入 RAM 中，为防止信息丢失，用户在关机前，应先将保存到 ROM 中。

30. ( ) 计算机软件升级需要与硬件相结合，以硬件为基础。

四、简答题

1. 什么是硬件？什么是软件？

2. 存储器的作用是什么？可以分为哪几类？移动存储设备有哪些？

3. 请阐述计算机硬件与计算机软件之间的关系。

4. 请简述 ROM 与 RAM 的区别。

5. 计算机存储器分为内存和外存，它们的主要区别和用途是什么？

6. 计算机的发展经历了哪几个阶段？各阶段的计算机分别采用什么电子器件？各阶段的主要特征是什么？

7. 按综合性能指标分，计算机一般分为哪几类？

8. 请简述计算机的应用主要有哪几方面？

9. 简述五大功能部件在计算机系统中的作用。

10. 把下列二进制数转换成十进制数，并写出转换结果及转换过程。

  （1）11001010B   （2）10001100.111B

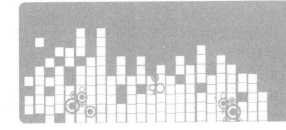

第 2 章

Windows 7 习题

一、选择题

1. 在 Windows 系统中，对文件和文件夹的管理是通过（　　　）。

    A．对话框　　　　　　　　　　　　B．剪贴板

    C．【计算机】和【资源管理器】窗口　　D.【控制面板】窗口

2. （　　　）不是常用的音频文件的后缀。

    A．.WAV　　　　　B．.DOC　　　　　C．.MP3　　　　　D．.WMA

3. Windows 7 操作系统是一个（　　　）的操作系统。

    A．单用户、多任务　　　　　　　　B．多用户、单任务

    C．单用户、单任务　　　　　　　　D．多用户、多任务

4. 在选定文件夹后，下列（　　　）操作不能完成剪切操作。

    A．在【编辑】菜单中选择【剪切】命令

    B．左双击该文件夹

    C．单击功能区中的【剪切】按钮

    D．在所选文件夹位置上右击，打开快捷菜单，选择【剪切】命令。

5. 在 Windows 7 环境中，用户可以同时打开多个窗口，此时（　　　）。

    A．只能有一个窗口处于激活状态，它的标题栏颜色与众不同。

    B．只能有一个窗口的程序处于前台运行状态，其余窗口的程序则处于停止运行状态。

    C．所有窗口的程序都处于前台运行状态。

    D．所有窗口的程序都处于后台运行状态。

6. 下列关于 Windows 对话框的描述中，（　　　）是错误的。

    A．对话框可以由用户选中菜单中带有（…）省略号的选项弹出来

    B．对话框是由系统提供给用户输入信息或选择某项内容的矩形框

    C．对话框的大小是可以调整改变的

    D．对话框是可以在屏幕上移动的

7. 在 Windows 各项对话框中，有些项目在文字说明的左边标有一个小方框，当小方框中有 "√" 时，表示（　　　）。

    A．这是一个单选按钮，且已被选中

    B．这是一个单选按钮，且未被选中

C. 这是一个复选按钮，且已被选中

D. 这是一个多选按钮，且未被选中

8. Windows 中桌面指的是（　　）。

    A. 整个屏幕   B. 当前窗口   C. 全部窗口   D. 某个窗口

9. 将运行中的应用程序窗口最小化以后，应用程序（　　）。

    A. 在后台运行   B. 停止运行

    C. 暂时挂起来   D. 出错

10. Windows 能自动识别和配置硬件设备，此特点称为（　　）。

    A. 控制面板   B. 自动配置   C. 即插即用   D. 自动批处理

11. 右击桌面上的任意空白处，会弹出（　　）。

    A. 播放媒体   B. 编辑图像   C. 编辑文本   D. 改变 Windows 的配置

12. 窗口最顶行是（　　）。

    A. 标题栏   B. 状态栏   C. 菜单栏   D. 任务栏

13. 关于"回收站"叙述正确的是（　　）。

    A. "回收站"中的内容不能恢复

    B. 暂存所有被删除的对象

    C. 清空"回收站"后，仍可用命令方式恢复

    D. "回收站"的内容不占硬盘空间

14. 在 Windows 中，为了防止他人无意修改某一文件，造成系统意外崩溃，应采用的启动方式为（　　）。

    A. 只读   B. 隐藏   C. 存档   D. 系统

15. 选定要删除的文件，然后按（　　）键，即可删除文件。

    A.【Alt】   B.【Ctrl】   C.【Shift】   D.【Delete】

16. 如用户在一段时间（　　），Windows 将启动执行屏幕保护程序。

    A. 没有按键盘   B. 没有移动鼠标

    C. 既没有按键盘，也没有移动鼠标   D. 没有使用打印机

17. 在资源管理器中要同时选定不相邻的多个文件，使用（　　）键。

    A.【Shift】   B.【Ctrl】   C.【Alt】   D.【F8】

18. 文件夹中不可存放（　　）。

    A. 文件   B. 多个文件   C. 文件夹   D. 字符

19. 在 Windows 7 中，用（　　）组合键可以进行中/英文输入法的切换。

    A.【Shift + Ctrl】   B.【Alt +Ctrl】   C.【Ctrl+Space】   D.【Shift+Alt】

20. Windows 7 中的回收站是（　　）

    A. 内存中的一个区域   B. 硬盘上的一个文件

    C. 硬盘的一个逻辑分区   D. 硬盘上的一个文件夹

21. 在 Windows 7 中，利用"任务栏"（　　）。

    A. 可以显示系统的所有功能   B. 只能显示当前活动窗口名

    C. 可以实现窗口之间的切换   D. 只能显示正在后台工作的窗口名

22. 在 Windows 7 应用程序的菜单中，选择末尾带有省略号（…）的命令意味着（   ）。
   A. 将弹出子菜单　　　　　　　　　B. 将执行该菜单命令
   C. 表明该命令已被选用　　　　　　D. 将弹出一个对话框

23. 在 Windows 7 中，可以为对象创建快捷方式图标，对象（   ）。
   A. 可以是任何文件或文件夹　　　　B. 只能是可执行程序或程序组
   C. 只能是单个文件　　　　　　　　D. 只能是程序文件和文档文件

24. 在包含多个文件或者子文件夹的 Windows 7 窗口中，选择连续的对象，单击第一个对象后，可按住（   ）键，并单击（   ），则所有连续对象全部选中。
   A.【Shift】，第一个对象　　　　　B.【Shift】，随便一个对象
   C.【Shift】，最后一个对象　　　　D.【Alt】，最后一个对象

25. 在 Windows 7 中，当一个窗口最大化后，下列叙述中错误的是（   ）。
   A. 该窗口可以被关闭　　　　　　　B. 该窗口可以移动
   C. 该窗口可以最小化　　　　　　　D. 该窗口可以还原

26. 在 Windows 7 中快速访问一个应用软件，最好的方式是（   ）。
   A. 将该应用程序拖到任务栏上　　　B. 将该程序存放在计算机的 C 盘根目录上
   C. 将该应用程序拖到桌面上　　　　D. 在桌面上建立该应用程序的快捷方式

27. 在 Windows 资源管理器窗口中，如果一次选定多个分散的文件或文件夹，正确的操作是（   ）。
   A. 按住【Ctrl】键逐个选取　　　　B. 按住【Ctrl】键左键逐个选取
   C. 按住【Shift】键右键逐个选取　　D. 按住【Shift】左键逐个选取

28. 在资源管理器中，在【查看】菜单中选择【排列图标】中的【按大小】命令，则文件夹的文件按（   ）排列。
   A. 文件名大小　　　　　　　　　　B. 扩展名大小
   C. 文件大小　　　　　　　　　　　D. 建立或修改的时间大小

29. 在 Windows【开始】菜单下的【文档】菜单中存放的是（   ）。
   A. 最近建立的文档　　　　　　　　B. 最近打开的文件夹
   C. 最近打开的文档　　　　　　　　D. 最近运行过的程序

30. 文件的扩展名一般与（   ）有关。
   A. 文件大小　　　　　　　　　　　B. 文件类型
   C. 文件的创建日期　　　　　　　　D. 文件的存储位置

31. 文件扩展名为.exe 的文件一般是指（   ）。
   A. 系统文件　　　B. 批处理文件　　　C. 文本文件　　　　D. 可执行文件

32. 下列描述正确的是（   ）。
   A. 同一文件夹下，文件不能同名，文件夹可以同名
   B. 同一文件夹下，文件和文件夹都不允许同名
   C. 同一文件夹下，文件可以同名，文件夹不能同名
   D. 同一文件夹下，文件夹和文件都允许同名

33. 在 Windows 中，通过（　　　）可以访问局域网上与之相连的其他计算机信息。

　　A．Internet Explorer　　　　　　　　B．网上邻居

　　C．我的文档　　　　　　　　　　　　D．计算机

34. 在 Windows 中，菜单选项前面有"√"的含义是表示（　　　）。

　　A．该项命令处于有效状态　　　　　　B．可弹出级联菜单

　　C．该项功能当前不能使用　　　　　　D．该项命令正确

35. 删除安装在 Windows 中的应用软件的方法是（　　　）。

　　A．删除应用软件的 EXE 类型文件

　　B．删除应用软件的文件夹

　　C．通过控制面板的【添加/删除程序】超链接

　　D．将应用程序快捷方式拖入"回收站"

36. Windows 操作系统中录音机录制的声音文件，其默认的扩展名为（　　　）。

　　A．.AVI　　　　　　B．.MID　　　　　　C．.FTP　　　　　　D．.WAV

37. 在 Windows 操作系统的【开始】菜单中，为某应用程序添加一个菜单项，实际上就是（　　　）。

　　A．在【开始】菜单所对应的文件夹中建立该应用程序的副本

　　B．在【开始】菜单所对应的文件夹中建立该应用程序的快捷方式

　　C．在桌面上建立该应用程序的副本

　　D．在桌面上建立该应用程序的快捷方式

38. 每当我们打开计算机时，首先运行的是（　　　）。

　　A．BIOS 软件　　　B．应用软件　　　　C．工具软件　　　　D．操作系统

39. 在 Windows 操作系统中，要将整个桌面画面送入剪贴板中，使用的键是（　　　）。

　　A．【PrintScreen】　　　　　　　　　B．【Alt+ PrintScreen】

　　C．【Ctrl+ PrintScreen】　　　　　　 D．【Shift+ PrintScreen】

40. 当已选定文件后，下列操作中不能删除该文件的是（　　　）。

　　A．按【Del】键

　　B．右击该文件，弹出快捷菜单，然后选择【删除】命令

　　C．在文件夹中选择【删除】命令

　　D．双击该文件

41. Windows 7 操作系统中，不能打开"网络"的操作是（　　　）。

　　A．在【资源管理器】中选择【网络】选项

　　B．双击桌面上的【网络】图标

　　C．右击【网络】图标，然后在弹出的快捷菜单中选择【打开】命令

　　D．单击【开始】图标，然后在系统菜单中选择【网络】命令

42. 下列操作中，不能搜索文件或文件夹的操作是（　　　）。

　　A．用【开始】菜单中的【搜索】命令

　　B．右击【计算机】图标，在弹出的菜单中，选择【搜索】命令

　　C．右击【开始】按钮，在弹出的菜单中，选择【搜索】命令

　　D．在【资源管理器】窗口中选择【查看】菜单

43. 【计算机】图标始终出现在桌面上，属于"计算机"的内容有（　　　）。
　　A．驱动器　　　B．我的文档　　　C．控制面板　　　D．打印机

44. 【资源管理器】窗口分为两个小窗口，左边的小窗口称为（　　　）。
　　A．导航窗口　　B．内容窗口　　　C．详细窗口　　　D．资源窗口

45. 【资源管理器】窗口分为两个小窗口，右边的小窗口称为（　　　）。
　　A．导航窗口　　B．内容窗口　　　C．详细窗口　　　D．资源窗口

46. 为了在资源管理器中快速浏览.EXE类型的文件，最快速的显示方式是（　　　）。
　　A．按名称　　　B．按类型　　　　C．按大小　　　　D．按日期

47. 在 Windows 7 操作系统中，按住鼠标左键，在同一驱动器的不同文件夹之间拖动某一对象，完成的操作是（　　　）。
　　A．移动该对象　B．复制该对象　　C．无任何结果　　D．删除该对象

48. 在 Windows 7 操作系统中，同时按下【Ctrl】键和鼠标左键，在同一驱动器的不同文件夹之间拖动某一对象，完成的操作是（　　　）。
　　A．移动该对象　B．无任何结果　　C．复制该对象　　D．删除该对象

49. 在 Windows 7 操作系统中，按下鼠标左键，在不同驱动器的不同文件夹之间拖动某一对象，完成的操作是（　　　）。
　　A．移动该对象　B．复制该对象　　C．无任何结果　　D．删除该对象

50. 在 Windows 7 操作系统中，一个文件的属性包括（　　　）。
　　A．只读、存档　　　　　　　　　B．只读、隐藏、系统
　　C．只读、隐藏　　　　　　　　　D．只读、隐藏、系统、存档

51. 在 Windows 7 操作系统中，如果要改变显示器的分辨率，应使用（　　　）。
　　A．资源管理器　B．控制面板　　　C．附件　　　　　D．库

52. 关于快捷方式，叙述不正确的是（　　　）。
　　A．快捷方式是指向一个程序或文档的指针
　　B．快捷方式是该对象的本身
　　C．快捷方式是包含了指向对象的信息
　　D．快捷方式可以删除、复制和移动

53. 要想在任务栏上激活某一窗口，应（　　　）。
　　A．双击该窗口对应的任务按钮
　　B．右击任务按钮，从弹出的菜单中选择【还原】命令
　　C．单击该窗口对应的任务按钮
　　D．右击任务按钮，从弹出菜单中选择【最大化】命令

54. 在【任务栏属性】对话框的【任务栏选项】中，选中【自动隐藏】复选框，任务栏将（　　　）。
　　A．消失　　　　　　　　　　　　B．变成一根细线留在屏幕边缘
　　C．不能用　　　　　　　　　　　D．显示在屏幕的顶部

55. 控制面板是用来改变（　　　）的应用程序，通过它可以调整各种硬件和软件的选项设置。
　　A．分组窗口　　B．文件　　　　　C．程序　　　　　D．系统配置

56. 下列操作中，不能在各种输入法之间切换的是（　　　　）。
　　A.【Ctrl+Shift】组合键　　　　　　　B. 单击输入法方式切换按钮
　　C.【Shift】+空格键　　　　　　　　　D.【Ctrl】+空格键

57. 选用中文输入法后，可以实现全角和半角切换的组合键是（　　　　）。
　　A. 按【CapsLock】键　　　　　　　　B. 按【Ctrl】+圆点键
　　C. 按【Shift】+空格键　　　　　　　　D. 按【Ctrl】+空格键

58. 当一个文档窗口被关闭后，该文档将（　　　　）。
　　A. 保存在外存中　　　　　　　　　　B. 保存在内存中
　　C. 保存在剪贴板上　　　　　　　　　D. 既保存在外存中也保存在内存中

59. 在某个文档窗口中已经进行了多次剪切操作，关闭该文档窗口后，剪切板中的内容为（　　　　）。
　　A. 第一次剪切的内容　　　　　　　　B. 最后一次剪切的内容
　　C. 所有剪切的内容　　　　　　　　　D. 空白

60. 在 Windows 7 操作系统中，剪贴板是（　　　　）。
　　A. 硬盘上的一块区域　　　　　　　　B. 软盘上的一块区域
　　C. 内存的一块区域　　　　　　　　　D. 高速缓存中的一块区域

61. 可执行程序的扩展名是（　　　　）。
　　A. .exe　　　　　B. .gif　　　　　　C. .jpg　　　　　　D. .docx

62. 文本文件的扩展名为（　　　　）。
　　A. .tif　　　　　B. .txt　　　　　　C. .avi　　　　　　D. .pdf

63. 控制面板的查看方式有多种，分别为类别、大图标和（　　　　）。
　　A. 小图标　　　B. 详细信息　　　　C. 超大图标　　　　D. 列表

64. 执行管理任务时，需要（　　　　）。
　　A. 管理员账户的权限　　　　　　　　B. 标准拥护的权限
　　C. 普通用户的权限　　　　　　　　　D. 特殊用户的权限

65. 用户可以更改现有文件和文件夹，但不能创建新文件和文件夹的权限级别是（　　　　）。
　　A. 完全控制　　　B. 修改　　　　　C. 读取和执行　　　D. 写入

66. 文件名中可以包含汉字和英文字母，也可包含（　　　　）特殊符号。
　　A. <　　　　　　B. @　　　　　　C. ?　　　　　　　D. &

67. 在浏览文件夹过程中，单击【资源管理器】窗口工具栏中的（　　　　）按钮可返回当前文件夹的上一级文件夹。
　　A.【前进】按钮　　　　　　　　　　　B.【后退】按钮
　　C.【向上】按钮　　　　　　　　　　　D.【返回】按钮

68. 在删除大文件时，按下列（　　　　）组合键，可将其不经过回收站而直接从硬盘中删除。
　　A.【Alt+Delete】　　　　　　　　　　B.【Ctrl+Delete】
　　C.【Tab+Delete】　　　　　　　　　　D.【Shift+Delete】

69. 下面关于打开文件说法错误的是（　　　　）。
　　A. 用单击方式可打开文件　　　　　　B. 用双击方式可打开文件
　　C. 可在程序中打开文件　　　　　　　D. 用右击方式可打开文件

70. 在 Windows 7 中随时能得到帮助信息的组合键是（　　　）。

    A.【Ctrl+F1】　　　B.【Shift+F1】　　　C.【F3】　　　　　　D.【F1】

71. 在 Windows 7 中，可以打开【开始】菜单的组合键是（　　　）。

    A.【Ctrl+O】　　　B.【Ctrl+Esc】　　　C.【Ctrl】+空格键　D.【Ctrl+Tab】

72. Windows 7 中的窗口被最大化后如果要调整窗口的大小，正确的操作是（　　　）。

    A. 用鼠标拖动窗口的边框线

    B. 单击【还原】按钮，再用鼠标拖动边框线

    C. 单击【最小化】按钮，再用鼠标拖动边框线

    D. 用鼠标拖动窗口的四角

73. 下列为文件夹更名的方式，错误的是（　　　）。

    A. 在文件夹窗口中，慢慢单击两次文件夹的名字，然后输入文件夹的新名字

    B. 单击文件夹，然后按【F2】键

    C. 在文件夹属性中进行更改

    D. 右击图标，在弹出的菜单中选择【重命名】命令，然后输入文件夹的新名字

74. 在 Windows 7 中，下列叙述正确的是（　　　）。

    A. 在不同磁盘驱动器之间用左键拖动对象时，Windows 7 默认为是移动对象

    B. 在不同磁盘驱动器之间用左键拖动对象时，Windows 7 默认为是删除对象

    C. 在不同磁盘驱动器之间用左键拖动对象时，Windows 7 默认为是复制对象

    D. 在不同磁盘驱动器之间用左键拖动对象时，Windows 7 默认为是清除对象

75. 在 Windows 7 中。下列叙述不正确的是（　　　）。

    A. 剪贴板是 Windows 7 下用来存储剪切或复制信息的临时存储空间，它是内存的一部分

    B. 剪贴板可以保存文本信息、图形信息或其他形式的信息，但只能保存一条信息

    C. 剪贴板可以保存文本信息、图形信息或是其他形式的信息，但其中的信息只能使用一次

    D. 剪贴板是一块临时存储区，它是 Windows 程序之间交换信息的场所

76. 下列文件名不正确的是（　　　）。

    A. 教师/学生.txt　　　　　　　　B. ch ap.doc

    C. 学生档案.jpg　　　　　　　　D. A129(345).dll

77. 下列软件不属于系统软件的是（　　　）。

    A. Windows 7　　B. UNIX　　　　C. Office　　　　D. Windows Vista

78. 利用鼠标的（　　　）操作可以打开文件或文件夹。

    A. 单击　　　　B. 滚轮　　　　C. 右击　　　　D. 拖动

79. 下面（　　　）设备可以在不同的计算机间传输数据。

    A. 摄像头　　　B. 打印机　　　C. 扫描仪　　　D. 闪盘

80. 要输入键盘上的上档字符时，需要按住（　　　）键。

    A.【Shift】　　　B.【Ctrl】　　　C.【Alt】　　　D.【Tab】

二、填空题

1. 用鼠标拖动窗口的_____可以改变窗口的位置；拖动窗口的_____可以改变窗口的大小。

2. 在打开的多个窗口中，标题栏呈深颜色显示的窗口为活动窗口，也称_____。

3. 右击某一对象，调出的菜单称为_____，也叫右键菜单。

4. Windows 操作系统的资源管理器的详细信息排列方式中，可以按名称、类型、大小和_____进行排列。

5. 文件名具有唯一性，一般由_____和_____组成。

6. Windows 窗口一般由_____、_____、_____和_____等几部分组成。

7. 搜索文件时，文件名中的通配符"？"代表文件名的_____，而"*"则代表文件名的_____。

8. 在 Windows 操作系统中，可以通过按【_____+PrintScreen】组合键来截取当前窗口的内容。

9. 在 Windows 操作系统中，要关闭当前应用程序，可按【Alt+_____】组合键。

10. 在 Windows 操作系统中，通常情况下若要修改文本框中的信息，应先移动鼠标指针指向文本框对象，然后双击鼠标_____键，即可进行修改。

11. 在 Windows 操作系统的资源管理器中删除文件时，如果在删除的同时按【_____】键，文件即被永久性删除（文件物理删除，不放入"回收站"）。

12. 当选定文件或文件夹后，欲改变其属性设置，可以用鼠标_____该文件或文件夹，然后在弹出的快捷菜单中选择"属性"命令。

13. 在 Windows 7 操作系统中，被删除的文件或文件夹将存放在_____。

14. 在 Windows 7 操作系统的【资源管理器】窗口，若想改变文件或文件夹的显示方式，应选择_____。

15. 在 Windows 7 操作系统中，管理文件或文件夹可使用_____。

16. 格式化磁盘时，可以在_____中通过右击快捷菜单，选择"格式化"命令进行。

17. 启动【资源管理器】窗口的方法是用鼠标右击_____菜单，选择【资源管理器】命令。

18. 在【资源管理器】左窗口显示的文件夹中，文件夹图标前有_____标记时，表示该文件有子文件夹，单击该标记可进一步展开。文件夹图标前有_____标记时，表示该文件夹已经展开，如果单击该图标，则系统将折叠该层的文件夹分支。文件夹图标签不含_____时，表示该文件夹没有子文件夹。

19. 连续选择多个文件时，先单击要选择的第一个文件名，然后在键盘上按住_____键，移动鼠标单击要选择的最后一个文件名，则一组连续文件被选定。若间隔选择多个文件时，应按住_____键不放，然后单击每个要选择的文件名。

20. 在 Windows 7 操作系统中，"还原"应用程序窗口的含义是_____。

21. 在 Windows 7 操作系统中，应用程序窗口最小化时，将窗口缩小为一个_____。

22. 通过_____，可恢复被误删的文件或文件夹。

23．在 Windows 7 操作系统中，可以用【回收站】的_____将不用的文件或文件夹物理删除。

24．在 Windows 7 操作系统的桌面上，右击某图标，在快捷菜单中选择_____命令即可删除该图标。

25．要安装某个中文输入法，应首先启动控制面板，选择其中的_____选项，然后选择_____选项。

26．在 Windows 7 操作系统中，输入中文文档时，为了输入一些特殊符号，可以使用系统提供的_____。

27．在 Windows 7 操作系统提供的系统设置工具，都可以在_____中找到。

28．用户可以在 Windows 7 操作系统环境下，使用_____来启动或关闭中文输入法，还可以使用_____键在英文及各种中文输入法之间进行切换。

29．在卸载不使用的应用程序时，直接删除该应用程序所在的文件夹是不正确的操作，应该使用_____完整卸载。

30．要将整个桌面的内容存入剪贴板，可按_____键。

31．要将当前窗口的内容存入剪贴板，可按_____键。

32．对于剪贴板中的内容，可利用工具栏的_____按钮，将其粘贴到某个文件中。

33．删除记事本中的选定内容，可以利用右键快捷菜单中的_____命令。

34．启动"画图"程序，应从_____菜单，_____选项，_____中进行。

35．在"画图"程序的窗口中，划出一个正方形，应选择_____工具，并按住_____键。

36．要查找所有第一个字母为 A 且扩展名为.wav 的文件，应输入_____。

37．用 Windows 7 的记事本所创建文件的默认扩展名为_____。

38．剪切、复制、粘贴、全选操作的快捷键分别是_____、_____、_____、_____。

39．在 Windows 窗口内，表示特定内容的小图形称为_____。

40．常用的鼠标操作是单击、_____和_____。

41．在计算机键盘上，【Enter】键的功能是_____。

42．在计算机键盘上，【Shift】键的功能是_____。

43．在计算机键盘上，【Num Lock】键的功能是_____。

44．在 Windows 7 中，在窗口的右上角，总是显示出 3 个命令按钮，这 3 个按钮分别是_____、_____和_____。

45．在 Windows 7 中，关闭系统控制菜单可以按_____键或者_____键。

46．Windows 的"记事本"所创建文件的默认扩展名是_____。

47．如果 Windows 的文件夹设置了_____属性，则可以备份，否则不能备份。

48．在 Windows 默认环境中，复制整个 U 盘，可通过右击要复制的源驱动器，在弹出的快捷菜单中选择_____命令实现。

49．在 Windows 的【资源管理器】窗口中，为了使具有系统和隐藏属性的文件或文件夹不显示出来，首先应进行的操作是选择_____菜单中的【文件夹选项】命令。

50. 通过 Windows 桌面上的_____，可以看到当前连到本地机上的其他计算机。

51. 打开【资源管理器】窗口，所有系统用户资源按_____结构列在左窗口中。

52. 状态栏一般用来显示_____信息。

53. Windows 中，由于各级文件夹之间有包含关系，使得所有文件夹构成_____状结构。

54. 在 Windows 操作系统中，多个应用程序窗口之间的切换使用_____键。

55. 使用_____可以选择恢复已删除的文件或彻底清除文件。

56. 用鼠标把磁盘上某一应用程序的可执行文件直接拖动到 Windows 桌面上，即创建了该应用程序的_____图标。

57. Windows 7 操作系统中，_____主要用来存放文件，是存放文件的器件。用户可以创建_____来组织和管理计算机。

58. 文件或文件夹有 3 种属性：_____、_____和_____。

59. Windows 7 系统中的窗口一般由_____、_____、_____、_____和_____组成。

60. 使用 WinRAR 对一组文件进行压缩，默认的压缩文件的扩展名为_____。

三、判断题

1. （　　）操作系统是一种对所有硬件进行控制和管理的系统软件。

2. （　　）文件的扩展名表示文件的类型，所以是必须有的。

3. （　　）文件的主文件名和扩展名之间用逗号隔开。

4. （　　）一个文件夹下的子文件夹数目不能超过 10 个。

5. （　　）在 Windows 中，"剪贴板"是硬盘中的一块区域。

6. （　　）在 Windows 文件夹中可以存放其他文件但不可以存放其他文件夹。

7. （　　）JPG 是常用的图像文件的后缀。

8. （　　）可使用任务栏来切换当前编辑的文档，也可以按【Alt+Tab】组合键来实现各文档间的切换。

9. （　　）系统软件处于计算机系统中最靠近硬件的一层，与具体应用领域联系紧密。

10. （　　）"切换用户"命令必须关闭当前用户运行的程序，才能切换到其他用户。

11. （　　）美观的 Aero 主题要求计算机具有较好的性能。

12. （　　）用户账户控制可以防止对计算机进行未经授权的更改。

13. （　　）设置屏幕保护程序对所有的显示器都具有保护作用。

14. （　　）菜单命令后面的字母即为该命令的快捷键。

15. （　　）按快捷键【Ctrl+A】可以取消全部选择的文件或文件夹。

16. （　　）.exe 为程序文件的扩展名。

17. （　　）对话框也是一种窗口，和其他的窗口一样可以任意移动位置和调整大小。

18. （　　）一同类型的文件有不同的扩展名，同一类型的文件可以有相同的文件名。

19. （　　）有通配符的文件名表示的文件不是一个文件而是多个文件.

20. （　　）【开始】菜单集合了系统所有的程序，因此，所有程序都必须通过【开始】菜单才能打开。

21. (　　) 被删除的文件暂时存放在回收站, 所有被删除的文件都可以通过回收站的还原功能进行还原。

22. (　　) 清空回收站可以增加磁盘的可用空间。

23. (　　) Windows 中, 双击任务栏上显示的时间, 可以修改计算机时间。

24. (　　) Windows 中, 将鼠标指针指向菜单栏, 拖动鼠标能移动窗口位置。

25. (　　) 文件扩展名的长度在 Windows 操作系统中没有限制。

26. (　　) 在 Windows 的资源管理器中不能查看磁盘的剩余空间。

27. (　　) 在 Windows 7 操作系统中, 使用来宾账户时无法在计算机中安装软件。

28. (　　) 在 Windows 7 中, 锁定任务栏后可以移动任务栏, 但不能调整其大小。

29. (　　) 在 Windows 7 中, 在【开始】菜单的【所有程序】命令中可以找到计算机中已安装的全部应用程序。

30. (　　) Windows 7 中的窗口, 在还原状态下拖动窗口的工具栏可以改变其位置。

四、简答题

1. 操作系统的作用是什么?

2. 关闭计算机和使计算机处于待机状态, 有什么不同?

3. 注销计算机用户和切换计算机用户有什么不同?

4. 鼠标有几种操作方法?

5. 试比较 Windows 中的窗口与对话框的组成, 有哪些异同点?

6. 设置屏幕保护的目的是什么?

7. 锁定任务栏的含义是什么?

8. 复制/粘贴与剪切/粘贴的区别是什么?

9. 在 Windows 7 中安装字体的方法有哪几种?

10. 删除文件夹的方法有哪些? 如何彻底删除文件或文件夹?

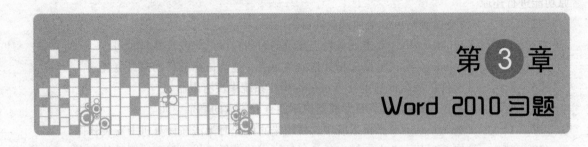

第 3 章

Word 2010 习题

一、选择题

1. 在 Word 2010 中，"打开"文档的作用是（　　　）。

   A．将制定的文档从内存中读入，并显示出来

   B．为制定的文档打开一个空白窗口

   C．将制定的文档从外存中读入，并显示出来

   D．显示并打印制定文档的内容

2. Word 提供了多种选项卡，选项卡是可以设置或隐藏的，下列关于设置或隐藏选项卡的方法中错误的是（　　　）。

   A．右击功能区右端空白处，在弹出的快捷菜单中选择"自定义功能区"命令

   B．右击文本编辑区的空白处，在弹出的快捷菜单中选择"自定义功能区"命令

   C．右击选项卡，在弹出的快捷菜单中选择"自定义功能区"命令

   D．选择【文件】→【选项】命令，在【Word 选项】中选择【自定义功能区】选项

3. 在 Word 2010 中，其扩展名是（　　　）。

   A．.wod   B．.wps   C．.docx   D．.dos

4. 关于新建文档，下列说法错误的是（　　　）。

   A．新建文档时只在内存中产生一个新文档并在屏幕上显示，进入编辑状态

   B．Word 每新建一个文档，就打开一个新的文档窗口，在标题上没有文件名

   C．新建文档的键盘命令为【Ctrl+N】

   D．在【文件】选项卡中可打开最近使用过的 Word 文档

5. 在 Word 中，进行复制或移除操作的第一步必须是（　　　）。

   A．单击【粘贴】按钮   B．将插入点放在要操作的目标中

   C．单击【剪切】或【复制】按钮   D．选定要操作的对象

6. 关于剪贴板，下列说法正确的是（　　　）。

   A．剪贴板是 Windows 在内存开设的一个暂存区域

   B．利用剪贴板对数据进行复制或移动仅限在同一应用程序内有效

   C．对选定的文本在不同的文档中进行复制或者移动必须使用剪贴板

   D．在 Word 中，剪贴板最多可保存 10 次复制或剪切的内容

7. 关于 Word 剪贴板，下列说法错误的是（　　　　）。

A. 可将 Word 剪贴板中保存的若干次复制或剪切的内容清空

B. 可将选定的内容复制到 Word 剪贴板中

C. 可选择 Word 剪贴板中保存的某一项内容进行粘贴

D. 可查看 Word 剪贴板中保存的所有形式（如文本、图片、对象等）的全部内容

8. 删除单元格正确的操作是（　　　　）。

A. 选中要删除的单元格，按【Delete】键

B. 选中要删除的单元格，单击【开始】选项卡【剪贴板】组中的"剪切"按钮

C. 选中要删除的单元格，按【Shift+Delete】组合键

D. 选中要删除的单元格，右击，选择快捷菜单中的【删除单元格】命令

9. Word 表格中，单元格内填写的信息（　　　　）。

A. 只能是文字　　　　　　　　　　B. 只能是文字或符号

C. 只能是图像　　　　　　　　　　D. 文字、符号、图像均可

10. 下列有关 Word 格式刷的叙述中，（　　　）是正确的。

A. 格式刷只能复制字体格式　　　　B. 格式刷可用于复制纯文本内容

C. 格式刷只能复制段落格式　　　　D. 字体或段落格式都可以用格式刷复制

11. 在 Word 中删除一个段落标记符后，前后两端文字合并为一段，此时（　　　　）。

A. 原段落字体格式不变　　　　　　B. 采用后一段字体格式

C. 采用前一段字体格式　　　　　　D. 变为默认字体格式

12. 关于样式，下列说法错误的是（　　　　）。

A. 样式是多个格式排版命令的组合

B. 由 Word 本身自带的样式是不能修改的

C. 在功能区的样式可以使 Word 本身自带的也可以是用户自己创建的

D. 样式规定了文中标题、题注及正文等文本元素的格式

13. 使用"字数统计"不能得到（　　　　）。

A. 页数　　　　B. 节数　　　　C. 行数　　　　D. 段落数

14. 关于页边距，下列说法错误的是（　　　　）。

A. 页边距是指文档中的文字和纸张边线之间的距离

B. 可用标尺进行页边距的设置

C. 在所有的视图下都能见到页边距

D. 设置页边距：选择【文件】→【打印】命令，在右侧的【打印】面板中设置

15. 在 Word 2010 的操作中，（　　　）不能在"打印"对话框中设置。

A. 打印页范围　　　B. 打印机选择　　　C. 页码位置　　　D. 打印份数

16. 用 Word 2010 编辑文档时，只有（　　　）视图才能直接看到设置的页眉和页脚。

A. 普通　　　　B. Web 版式　　　C. 页面　　　　D. 大纲

17. 在 Word 2010 编辑状态打开一个文档，对其进行修改后进行"关闭"操作则（　　　　）。

A. 文档被关闭，并自动保存修改后的内容

B. 弹出对话框，并询问是否保存对文档的修改

C. 文档被关闭，修改后的内容不能保存

D. 文档不能关闭，并提示出错

18. 在 Word 2010 编译窗口中要将插入点快速移动到文档开始位置应按（　　　）键。

A.【Home】　　　　B.【PageUp】　　　　C.【Ctrl+Home】　　D.【Ctrl+PageUp】

19. 在 Word 中，文本被剪贴后，暂时保存在（　　　）。

A. 临时文件　　　　B. 新建文档　　　　C. 剪贴板　　　　D. 外存

20. 在 Word 文档编辑中，按（　　　）键删除插入点左边的字符。

A.【Del】　　　　　B.【Backspace】　　　C.【Ctrl+Del】　　　D.【Alt+Del】

21. 在 Word 中，如果在文字中插入图片，那么图片只能放在文字的（　　　）。

A. 左边　　　　　　B. 中间　　　　　　C. 下面　　　　　　D. 前三种都可以

22. 在 Word 2010 文档中，执行【粘贴】命令后（　　　）。

A. 剪贴板中的内容被清空　　　　　　B. 剪贴板中的内容不变

C. 选择的内容被粘贴到剪贴板　　　　D. 选择的内容被移动到剪贴板

23. 在 Word 2010 文档的存储过程中，"另存为"是指（　　　）。

A. 退出编译，但不退出 Word 文档，并只能以原文件名保存在原来位置

B. 退出编译，退出 Word 文档，并只能以原文件名保存在原来位置

C. 不退出编译，只能以原文件名保存在原来位置

D. 不退出编译，可以以原文件名保存在原来位置，也可以改变文件名或保存在其他位置

24. 在 Word 2010 文档中，如果要将文件的扩展名取为.txt，应在"另存为"对话框的保存类型中选择（　　　）。

A. Word 文档　　　　　　　　　　　B. 纯文本

C. 文档模板　　　　　　　　　　　　D. 其他

25. 在 Word 中，要复制选定的文档内容，可使用鼠标指针指向被选定的内容并按住（　　　）键，拖动鼠标至目标处。

A.【Ctrl】　　　　　B.【F1】　　　　　C.【Alt】　　　　　D.【Shift】

26. 在 Word 中选择内容后，按（　　　）组合键与"开始"选项卡"剪贴板"组中的"复制"功能相同。

A.【Ctrl+S】　　　B.【Ctrl+V】　　　C.【Ctrl+A】　　　D.【Ctrl+C】

27. 在 Word 中，要检查文档的真实布局情况，应选用（　　　）方式。

A. 大纲视图　　　B. 页面视图　　　C. Web 版式视图　　D. 阅读版式视图

28. 在 Word 中，要查看文档各级标题，应选用（　　　）方式。

A. 草稿　　　　　B. 页面视图　　　C. 阅读版式视图　　D. 大纲视图

29. Word 处理的文档内容打印效果与页面视图下的显示效果（　　　）。

A. 完全不同　　　B. 完全相同　　　C. 一部分相同　　　D. 大部分相同

30. 保存 Word 文档的快捷键是（　　　）。

A.【Ctrl+V】　　　B.【Ctrl+X】　　　C.【Ctrl+S】　　　D.【Ctrl+O】

31. Word 2010 的查找、替换功能非常强大，下面叙述正确的是（　　　　）。

    A. 不可以指定查找文字的格式，只可以指定替换文字的格式

    B. 可以指定查找文字的格式，但不可以指定替换文字的格式

    C. 不可以按指定文字的格式进行查找及替换

    D. 可以按指定文字的格式进行查找及替换

32. 输入文档内的过程中，当一行的内容达到页面右边界时，插入点会自动移动到下一行的左端继续输入，这是 Word 的（　　　　）功能。

    A. 自动更正　　　　B. 自动回车　　　　C. 自动换行　　　　D. 自动格式化

33. 在 Word 文档中，要插入分页符来开始新的一页，应按（　　　　）键。

    A.【Ctrl+Enter】　　B.【Delete】　　　　C.【Insert】　　　　D.【Enter】

34. 在 Word 中进行文档编辑时，要开始一个新的段落应按（　　　　）键。

    A.【Backspace】　　B.【Delete】　　　　C.【Insert】　　　　D.【Enter】

35. 如果 Word 表格中同列单元格的宽度不合适，可以利用（　　　　）进行调整。

    A. 水平标尺　　　　　　　　　　　B. 滚动条

    C. 垂直标尺　　　　　　　　　　　D. 系统给出的表格套用格式

36. 在 Word 中，要使文字与图片叠加，应选择（　　　　）方式。

    A. 四周环绕　　　　　　　　　　　B. 衬于文字上方或浮于文字上方

    C. 紧密环绕　　　　　　　　　　　D. 上下环绕

37. 在 Word 中，选择【文件】→【关闭】命令时，（　　　　）。

    A. 将 Word 中当前活动窗口关闭　　B. 将关闭 Word 下的所有窗口

    C. 将退出 Word 系统　　　　　　　D. 将 Word 当前活动窗口最小化

38. 在 Word 中，选择【文件】→【退出】命令时，（　　　　）。

    A. 将 Word 中当前活动窗口关闭　　B. 将关闭 Word 下的所有窗口

    C. 将退出 Word 系统　　　　　　　D. 将 Word 当前活动窗口最小化

39. 退出 Word 时，（　　　　）。

    A. 若对文档进行修改后尚未保存，将弹出对话框提示是否保存

    B. 若对文档进行修改后尚未保存，将不会弹出任何提示信息直接退出 Word

    C. 若对文档进行修改并且已经保存，还会弹出对话框提示保存

    D. 若对文档进行修改并且已经保存，会弹出对话框提示是否确认退出

40. 在 Word 的编辑状态下制表时，若插入点位于表格外右侧的行尾处，按【Enter】键，结果是（　　　　）。

    A. 光标移到下一列　　　　　　　　B. 光标移到下一行，表格行数不变

    C. 插入一行，表格行数改变　　　　D. 在本单元格内换行，表格行数不变

41. 在 Word 的编辑状态，连续进行了两次【插入】操作，当单击一次【撤销】按钮后（　　　　）。

    A. 将两次插入的内容全部取消　　　B. 将第一次插入的内容全部取消

    C. 将第二次插入的内容全部取消　　D. 两次插入的内容都不取消

42. 在 Word 的编辑状态，文本的字形不包括（　　　　）。

    A. 加粗　　　　B. 字号　　　　　　C. 常规　　　　　　D. 倾斜

43. 在 Word 的编辑状态，执行"复制"命令后（　　　）。

　　A. 被选择的内容被复制到插入点处

　　B. 被选择的内容被复制到剪贴板

　　C. 插入点后的段落内容被复制到剪贴板

　　D. 光标所在的段落内容被复制到剪贴板

44. 在 Word 的编辑状态，将"NGI 是 Next-Generation Internet 的缩写"中"NGI"颜色改为红色，首先要做的是（　　　）。

　　A. 单击"字体颜色"按钮

　　B. 单击"字体颜色"下拉按钮，从下拉列表中选择红色

　　C. 右击，选择"字体"命令，在对话框中选择红色

　　D. 选择"NGI"

45. Word 可以记录许多步编辑的具体操作顺序，当编辑的过程中执行了某项错误的操作时，Word 允许（　　　）该操作。

　　A. 撤销　　　　　　B. 恢复　　　　　　C. 保存　　　　　　D. 复制

46. 在 Word 的编辑状态，进行字体设置操作后，按新设置的字体显示的文字是（　　　）。

　　A. 插入点所在的段落后的文字　　　　B. 文档中被选定的文字

　　C. 插入点所在的行中文字　　　　　　D. 文档的全部文字

47. 在 Word 的编辑状态，要将文件中多次出现的"计算机"全部换成"电脑"可以使用（　　　）命令。

　　A.【开始】　　　　B.【替换】　　　　C.【撤销】　　　　D.【保存】

48. 在 Word 的编辑状态，要对文档中选定文本的边框和底纹进行设置可以使用（　　　）对话框。

　　A.【字体】　　　　B.【边框和底纹】　　C.【绘图】　　　　D.【段落】

49. 在 Word 的编辑状态，字体设置应选择（　　　）选项卡。

　　A.【开始】　　　　B.【插入】　　　　C.【视图】　　　　D.【段落】

50. 在 Word 的编辑状态，可以同时显示水平标尺和垂直标尺的视图是（　　　）。

　　A. 普通视图　　　B. 页面视图　　　C. 大纲视图　　　D. 全屏显示视图

51. Word 处于编辑状态，在某个文档窗口中进行了多次剪切操作，并且关闭了该文档窗口后，剪贴板中的内容为（　　　）。

　　A. 第一次剪切的内容　　　　　　　　B. 最后一次剪切的内容

　　C. 所有剪切的内容　　　　　　　　　D. 空白

52. 在 Word 的编辑状态，在段落的对齐方式中，（　　　）方式能使段落中的每一行（包括段落结束行）都能与其左右边缩进对齐。

　　A. 左对齐　　　　B. 两端对齐　　　　C. 居中对齐　　　　D. 分散对齐

53. 关于 Word 2010 的分栏功能，下列说法正确的是（　　　）。

　　A. 最多可以设 4 栏　　　　　　　　　B. 各栏的宽度必须相同

　　C. 各栏的宽度可以不同　　　　　　　D. 各栏的栏间距是固定的

54. 在使用 Word 进行文字编辑时，下面的叙述中（　　　）是错误的。

A．Word 可以将正在编辑的文档另存为一个纯文本（TXT）文件

B．使用"文件"→"打开"命令可以打开一个已存在的 Word 文档

C．打印预览文件时，打印机必须是已经开启的

D．Word 允许同时打开多个文件

55. 在使用 Word 进行文字编辑时，下列说法错误的是（　　　）。

A．若只对一段设置对齐方式可以不必选定该段，只需将插入点设置于该段中任一位置，再进行设置

B．若只对一段设置对齐方式必须先选定该段，再进行设置

C．若只对一段设置对齐方式可以不必选定这些段落，只需将插入点设置于该段中任一位置，再进行设置

D．若对一段设置对齐方式可以先选定该段，再进行设置

56. 在 Word 中选定一个句子的方法是（　　　）。

A．按住【Ctrl】键同时双击居中的任意位置

B．按住【Ctrl】键同时单击句中任意位置

C．单击该句中任意位置

D．双击该句中任意位置

57. 在 Word 文档中，每个段落都有自己的段落标记，段落标记的位置在（　　　）。

A．段落的首部　　　　　　　　　B．段落的中部

C．段落的结尾处　　　　　　　　D．段落的每一行

58. 在 Word 中，添加下画线的快捷方式是按（　　　）组合键。

A．【Shift+U】　　B．【Ctrl+I】　　　C．【Ctrl+U】　　　D．【Ctrl+B】

59. 在 Word 的编辑状态，添加"页眉/页脚"是通过（　　　）选项卡实现的。

A．【开始】　　　B．【视图】　　　C．【插入】　　　D．【页面布局】

60. 在 Word 中，撤销最后一个动作，除了使用命令按钮以外，还可以使用快捷键（　　　）。

A．【Shift+X】　　B．【Shift+Y】　　C．【Ctrl+W】　　D．【Ctrl+Z】

61. 在 Word 文档中，把光标移动到文件尾部的快捷键是（　　　）。

A．【Ctrl+End】　B．【Ctrl+PageDown】　C．【Ctrl+Home】　D．【Ctrl+Page Up】

62. 在 Word 的编辑状态，如果要在文章的每一页上加上页码或章节的名称等附加信息，可以通过设置（　　　）来实现。

A．页码　　　　　B．脚注和尾注　　　C．页眉和页脚　　　D．索引和目录

63. 在 Word 中，要选定一个英文单词，可以用鼠标在单词的任意位置（　　　）。

A．单击　　　　　B．双击　　　　　C．右击　　　　　D．按住【Ctrl】键单击

64. 在 Word 的编辑状态，将剪贴画插入文档中首先要做的是（　　　）。

A．选择要插入的图片

B．单击【插入】选项卡【插图】组中的【剪贴画】按钮

C．将插入点定位到要插入剪贴画的位置

D．单击【插入】选项卡【插画】组中的【图片】按钮

65. Word 中项目编号的作用是（　　　　）。

A．为每个标题编号　　　　　　　　B．为每个自然段编号

C．为每行编号　　　　　　　　　　D．以上都正确

66. 在 Word 中，用鼠标拖动方式进行复制和移动操作时，他们的区别是（　　　　）。

A．移动时直接复制，复制时需要按住【Ctrl】键

B．移动时直接复制，复制时需要按住【Shift】键

C．复制时直接移动，移动时需要按住【Ctrl】键

D．复制时直接移动，移动时需要按住【Shift】键

67. 在 Word 中，对某个段落的全部文字进行下列设置，属于段落格式设置的是（　　　　）。

A．设置为四号字　　　　　　　　　B．设置为楷体

C．设置为 1.5 倍行距　　　　　　　D．设置为 4 磅字间距

68. 在 Word 的编辑状态时，关于拆分单元格的说法，正确的是（　　　　）。

A．只能把表格拆分为左右两部分　　B．只能把表格拆分为上下两部分

C．可以自行设定拆分的行列数　　　D．只能把表格拆分成列

69. 在 Word 的编辑状态，下列关于表格套用内置格式的说法中正确的是（　　　　）。

A．在对表格套用内置格式时，只需要把插入点放在表格里，不需要选定表格

B．套用内置格式后，表格不能再进行任何格式修改

C．在对表格套用内置格式后，必须选定整张表

D．应用内置格式后，表格列宽不能改变

70. 在 Word 编辑状态，用"绘制表格"按钮制作好表格后，要改变表格的单元格高度、宽度，下列说法正确的是（　　　　）。

A．只能改变一个单元格的高度　　　B．只能改变整个行高

C．只能改变整个列宽　　　　　　　D．以上说法都不对

71. 在 Word 编辑状态，下列选定整个表格的方法中正确的是（　　　　）。

A．双击表格中的任意位置　　　　　B．使用【表格】→【选定】→【表】命令

C．三击表格中的任意位置　　　　　D．使用【Shift】键

72. 在 Word 编辑状态，在表格任意位置单击，再在【边框和底纹】对话框的【底纹】选项卡"填充"下拉列表中选择【无颜色】，此时取消（　　　　）的底纹。

A．整个表格　　　B．当前行　　　　　C．当前列　　　　　D．插入点所在

73. 在 Word 的编辑状态，选中表格中的一行后按【Delete】键将会（　　　　）。

A．删除整个表格　　　　　　　　　B．删除选定行

C．删除选定行中的内容　　　　　　D．删除选定行的第一个单元格

74. 在 Word 的表格中，要计算一列数据的总和，应该使用的函数是（　　　　）。

A．SUM( )　　　　B．AVERAGE( )　　　C．MIN( )　　　　D．COUNT( )

75. Word 程序启动后，自动打开的一个文件名为（　　　　）。

A．Noname　　　　B．Untitled　　　　C．文件 1　　　　D．文档 1

76. 在 Word 的编辑状态下，进行粘贴操作的组合键是（　　　　）。

A．【Ctrl+X】　　　B．【Ctrl+C】　　　C．【Ctrl+V】　　　D．【Ctrl+A】

77. Word 中当用户在输入文字时，在（　　　）模式下，随着输入新的文字，后面原有的文字将被覆盖。

    A．插入　　　　　　B．改写　　　　　　C．自动更正　　　　D．断字

78. 在 Word 的编辑状态下，要删除光标右边的文字，按（　　　）键。

    A．【Delete】　　　B．【Ctrl】　　　　C．【Backspace】　　D．【Alt】

79. （　　　）时，双击"格式刷"按钮。

    A．使用格式刷时，只需要单击一次　　B．将格式应用在一个文本块上

    C．将格式添加为一种新的样式　　　　D．将格式应用在多个文本块上

80. 如果将插入的图片具有和同文字一样的布局特点，应选择的自动换行类型是（　　　）。

    A．嵌入式　　　　　B．上下型　　　　　C．四周型　　　　　D．紧密型

二、填空题

1. Word 2010 文档模板文件的扩展名是_____。

2. 在 Word 2010 文档中，按_____键可将光标移到下一个制表位上。

3. 用户在用 Word 2010 编辑文档时，选择某一段文字后，把鼠标指针置于选中文本的任意位置，按住【Ctrl】并按住鼠标左键不放，拖到另一位置上才释放鼠标，那么，该用户刚才的操作是_____。

4. 在 Word 中，【剪切】命令的作用是_____。

5. 在使用 Word 文本编辑时，为了把不相邻两段的文字互换位置，最少用_____次"剪切+粘贴"操作。

6. 在 Word 文档中插入图片的第一步操作是_____。

7. 在使用 Word 编辑时，可在标尺上直接进行的是_____操作。

8. 在使用 Word 编辑时，要把文章中所出现的"计算机"都改成"Computer"，可使用_____功能。

9. 在 Word 编辑状态下，若要设置打印的页边距，应使用_____命令。

10. 在 Word 编辑状态，若要对当前文档设置段前间距格式，应使用_____。

11. 如果想在文档中加入页眉、页脚，应当使用_____。

12. 在 Word 编辑状态，若要为文档设置页码，应当使用_____。

13. 在 Word 编辑状态，若要将当前文档按分栏格式排版，应当使用_____。

14. 在 Word 编辑文档时，每按一次【Enter】键就形成一个段落，并产生一个_____。

15. 在 Word 编辑文档时，要迅速将插入点定位到"计算机"一词，可使用【查找和替换】对话框中的_____选项卡。

16. Word 的多窗口管理功能是用户可以在多个打开的窗口中轮流工作，但可用于编辑的窗口只能有_____个。

17. 在页眉与页脚编辑状态下，文档的正文呈现_____。

18. 文本框有_____和_____两种方式。

19. 若将剪贴板内容复制到插入点，应当使用的命令是_____。

20. 在 Word 的编辑状态，若要选择当前文档中的全部内容，应当使用_____，或者使用_____组合键。

21. 在 Word 的编辑状态，执行【开始】选项卡【剪贴板】组中的【粘贴】命令后，其结果是_____。

22. 编辑 Word 2010 表格时，用鼠标拖动水平标尺上的列标记，可以调整表格的_____。

23. 在 Word 的编辑状态，打开"wl.docx"文档，若要将经过编辑后的文档以"w2.docx"为名存盘，应当执行【文件】→_____命令。

24. 当 Word 的【剪切】和【复制】命令呈浅灰色而不能被选择时，则表示_____。

25. 对于字符，磅值越大，显示的字符越_____；字号越大，显示的字符越_____。

26. 在 Word 中，选中某段文字，连击两次"斜体"按钮，则_____。

27. 在对 Word 文档进行编辑时，如果操作错误，则_____。

28. 在 Word 文档绘画椭圆时，按住_____键拖动鼠标可以画出一个正椭圆形。

29. 右击"表格"快捷菜单中的_____命令可将一个表格拆分成两个表格。

30. 在 Word 编辑文档时，每个段落结束处有一个段落标记，它是通过_____得到的。

31. 在 Word 中，依次打开了 dl.docx、d2.docx、d3.docx、d4.docx 这四个文档，当前的活动窗口是_____的窗口。

32. 在 Word 中，如果对当前编辑的文本进行了修改，但没有存盘就选择了关闭，则_____。

33. 在 Word 中如果要插入项目符号，应选择_____命令。

34. 要在 Word 中使用"格式刷"对同一个格式进行多次复制，应先用鼠标_____。

35. 在 Word 2010 中，可用计算表格中某一数值列平均值的函数是_____。

36. 在 Word 中，使用"表格"选项卡中的_____命令，可将表格中选定的某列数据按顺序排列。

37. 在 Word 的【替换】对话框中，在【查找内容】下拉列表中输入"计算机"，在【替换为】下拉列表中输入"电脑"，只要单击_____按钮，系统就将在文档中找到"计算机"全部自动替换成"电脑"。

38. Word 的默认字体是_____号_____体。

39. 使所选文本变成上标的快捷键是_____，使所选文本变成下标的快捷键是_____。

40. 在 Word 中，要将文档按指定的名称和位置保存起来，应使用_____中的_____命令，如果用户没有指定存放的位置，系统就默认存放在_____中。

41. 在 Word 中打开新文档的快捷键是_____。

42. 在 Word 中，要选择一个段落，可以_____段落左边的选定区，也可以_____段落中的任何位置。

43. 在输入文本时，如果当前行没有足够的空间容纳正在输入的文字，那么，当输到行尾时，应该_____。

44. Word 对话框可能包含_____、列表框、文本框、选项卡、命令按钮以及供预览的_____等元素。

45. 精确地控制段落缩进量，需使用段落对话框中的_____项进行设置。

46. Word 窗口由_____、_____编辑区、_____等元素组成。

47．在使用 Word 编辑时，插入点位置是很重要的，因为文字的增删都将在此处进行。请问插入点的形状是_____。

48．Word 提供了 5 种文档视图模式，在_____模式下可以显示正文及其页面格式。

49．如果想在 Word 文档中加入图片，可以使用_____。

50．如果思在 Word 文档中加入表格，可以使用_____。

51．在 Word 的文字编辑中，要将某篇文章 A 的一部分内容插入到正在编辑的文件 B 当前位置，可采用如下办法：打开文件 A 和文件 B，找到要插入的内容，从起始位置按下鼠标_____键进行拖动，选中要插入的内容，然后可用快捷键【Ctrl+_____】复制到剪贴板，再打开文件 B 窗口，再插入点用快捷键【Ctrl+_____】即可。

52．在 Word 环境下，文件中用于插入/改写功能的按键为_____。

53．在 Word 环境下，将选定的文本移动的操作是：将鼠标移到文本块内，这时鼠标变为_____形状，再按住_____不放拖动鼠标直到目标位置后松手。

54．在 Word 文档中如果看不到段落标记，可以在功能区单击_____按钮来显示。

55．在 Word 文档中，对表格的单元格进行选择后，可以进行插入、移动、_____、合并和删除等操作。

56．假设已在 Word 窗口中录入了 6 段汉字，其中第一段已经按要求设置好了字号和段落格式，现在要对其他 5 段进行同样的格式设置，使用_____最简便。

57．在 Word 编辑窗口中要把插入点光标快速移到 Word 文档的尾部，应按组合键_____。

58．打开一个已有文档进行编辑修改后，执行【_____】选项卡中的【_____】命令既可保留修改前的文档，又可得到修改后的文档。

59．将文档分左右两个版面的功能称为_____，将段落的第一个字放大突出显示的是_____功能。

60．在 Word 中，插入/改写状态的转换，可以通过键盘上的【_____】键来实现。

三、判断题

1．（　　）在 Word 保存文件时，默认的文件扩展名是.docx。

2．（　　）选择【文件】→【打开】命令能够创建一个新文档。

3．（　　）为文档加口令命令进行保护时，可使用【文件】→【信息】中的相应选项。

4．（　　）Word 大纲视图中无法显示艺术字对象，也无法对其进行拼写检查。

5．（　　）在 Word 主窗口中，能打开多个窗口编辑多个文档，也能有几个窗口编辑同一文档。

6．（　　）在 Word 中，【粘贴】命令成灰色则表示该命令不可用。

7．（　　）当需要输入日期、时间时，可单击【插入】选项卡【文本】组中的【日期和时间】按钮。

8．（　　）在文档窗口中显示被编辑文档的同时，能显示页码、页眉、页脚的视图方式是页面视图。

9．（　　）打算将文档中的一段文字从目前为止移动到另一处，第一步应当复制。

10．（　　）在 Word 工作过程中，删除插入点右边的字符，按【Delete】键。

11. （　　）在 Word 编辑的内容中，文字下面有红色波浪下画线表示可能有拼写错误。

12. （　　）在 Word 中选中某句话，连续单击两次"斜体"按钮，则这句话的字符格式不变。

13. （　　）在 Word 中，删除某页的页码，将自动删除整篇文档的页码。

14. （　　）在 Word 中，不允许页眉或页脚有自己的段落标记。

15. （　　）Word 文档中，每个段落都有自己的段落标记，段落标记的位置在段落的结尾。

16. （　　）在 Word 中，剪切操作就是删除操作。

17. （　　）在 Word 中，通过水平标尺上的游标可以设置段落的首行缩进和左右缩进。

18. （　　）在 Word 中，设置文本对齐方式是属于段落格式编排。

19. （　　）使用"删除"命令可从文档中删除数据并把它放到剪贴板中。

20. （　　）Word 中，单击【插入】选项卡【符号】组中的【符号】按钮，可以插入特殊字符和符号。

21. （　　）Word 中，当插入点在表格的最后一个单元格中时，若按【Tab】键则会为表格新增一列。

22. （　　）在 Word 中，构成表格的基本单位是单元格。

23. （　　）在 Word 中要输入数学公式，可在【插入】选项卡【符号】组中单击【公式】按钮。

24. （　　）使用 Word 的绘图工具可以绘出矩形、直线、椭圆等多种形状的图形。

25. （　　）"格式刷"按钮是复制格式用的。

26. （　　）单击【页面布局】选项卡【页面设置】组中的"文字方向"按钮，可使整篇文档的文字变成竖排的。

27. （　　）在 Word 文本区中显示的段落标记在输出到打印机时也会被打印出来。

28. （　　）如果表格分在两页显示，需在第二页中的表格上添加表头，可在【表格属性】对话框中设置【重复标题行】。

29. （　　）在 Word 中，图片周围不能环绕文字，只能单独在文档中占据几行位置。

30. （　　）在 Word 的表格中，拆分单元格只能在列上进行。

四、简答题

1. 简述【保存】命令与【另存为】命令的区别。若将文档 a1.docx 另存为 a2.txt，应如何操作？

2. 剪切、复制和粘贴的快捷键是什么？如何利用它们实现对象的移动和复制？

3. 在输入文本时，如果想切换改写、插入方式，应如何操作？

4. 如何使用鼠标快速的选择一个字、一个词、一行、多行、一个段落和一整篇文章？

5. 格式刷的作用是什么？单击【格式刷】与双击【格式刷】的效果有何不同？

6. 页眉和页脚的作用是什么？如何删除页眉或页脚？

7. 样式的作用是什么？它需要如何设置？

8. 分节符与分页符的区别是什么？在什么模式下才可以看到插入的分节符？

9. 制表位的作用是什么？

10. 在文档编辑过程中，有哪些方法可以快速应用已经设置好的格式？

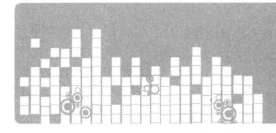

第 **4** 章

Excel 2010 习题

一、选择题

1. Excel 2010 中某区域由 A1、A2、A3、B1、B2、B3 单元格组成，不能使用的区域标示是（　　）。

   A．A1:B3　　　　　B．B3:A1　　　　　C．A3:B1　　　　　D．A3:B3

2. 在 Excel 2010 中，改变图表（　　）后，Excel 会自动更新图表。

   A．X 轴数据　　　　B．Y 轴数据　　　　C．所依赖的数据　　　D．标题

3. 将 Excel 2010 工作表的单元格 B5 中的函数"=SUM(A1:$D$3)"复制到单元格 C6 中，则单元格 C6 中的函数为（　　）。

   A．=SUM（A1:$D$3）　　　　　　　　B．=SUM(B2:$D$3)

   C．=SUM(B2:$E$4)　　　　　　　　　D．=SUM(B4:$D$3)

4. 通常在 Excel 环境中用来存储和处理工作数据的文件称为（　　）。

   A．数据库　　　　B．工作表　　　　C．工作簿　　　　D．图标

5. Excel 工作簿文件在默认情况下会打开（　　）个工作表。

   A．1　　　　　　B．2　　　　　　C．3　　　　　　D．255

6. 在 Excel 单元格内输入较多的文字需要换行时应按（　　）键

   A．【Ctrl+Enter】　　B．【Alt+Enter】　　C．【Shift+Enter】　　D．【Enter】

7. 在 Excel 中选中单元格，选择"删除"命令时（　　）。

   A．将删除该单元格所在列　　　　　　B．将删除该单元格所在行

   C．将彻底删除该单元格　　　　　　　D．弹出"删除"对话框

8. 单元格地址是指（　　）。

   A．每一个单元格　　　　　　　　　　B．每一个单元格的大小

   C．单元格所在的工作表　　　　　　　D．单元格在工作表中的位置

9. 活动单元格是指（　　）的单元格。

   A．正在处理　　　B．能被删除　　　C．能被移动　　　D．能进行公式计算

10. 在 Excel 中，如果单元格 B2 中为"星期一"，那么向下拖动填充柄到 B4，则 B4 中应为（　　）。

    A．星期一　　　　B．星期二　　　　C．星期三　　　　D．星期四

11. 工作表中 C 列已设置成日期型，其格式为 YYYY-MM-DD，某人的生日是 1985 年 11 月 15 日，现要将其输入到 C5 单元格，且要求显示成 1985-11-15 的形式，下列（　　　）是错误的。

    A．1985-11-15   B．11-15-1985

    C．1985/11/15   D．上述输入方法都对

12. 在 Excel 中，用户（　　　）同时输入相同的数字。

    A．只能在一个单元格中   B．只能在两个单元格中

    C．可以在多个单元格中   D．不可以在多个单元格中

13. 在 Excel 中让某些不及格的学生的成绩变成红字，可以使用（　　　）功能。

    A．筛选   B．条件格式   C．数据有效性   D．排序

14. 在升序排序中，在排序列中有空白单元格的行会被（　　　）。

    A．不被排序   B．放置在排序的数据清单最前

    C．放置在排序的数据清单最后   D．保持原始次序

15. 在 Excel 工作表操作中，可以将公式"=B1+B2+B3+B4"转换为（　　　）。

    A．=SUM(B1,B4)   B．=SUM(B1:B4)

    C．=SUM(B1,B4)   D．SUM(B1:B4)

16. 在使用 Excel 分类汇总功能时，系统将自动在数据单底部插入一个（　　　）行。

    A．总计   B．求和   C．求积   D．求最大值

17. 在 Excel 中，数字的千位后加千分号"，"，例如 230000 可以记作（　　　）。

    A．2300,00   B．23,0000   C．2,30000   D．230,000

18. 公式"=MAX(B2,B4:B6,C3)"表示（　　　）。

    A．比较 B2、B4、B6、C3 的大小

    B．求 B2、B4、B6、C3 中的最大值

    C．求 B2、B4、B5、B6、C3 中的最大值

    D．求 B2、B4、B5、B6、C3 的和

19. 在一个单元格中输入"内蒙古"字符，默认情况下，是按（　　　）格式对齐。

    A．居中   B．右对齐   C．左对齐   D．分散对齐

20. 要是 Excel 把所输入的数字当成文本处理，所输入的数字应当以（　　　）开头。

    A．双引号   B．一个字母   C．等号   D．单引号

21. 要向 A5 单元格输入分数 1/2，并显示为 1/2，正确的输入方法是（　　　）。

    A．2/1   B．0 1/2   C．1/2   D．'1/2

22. 如果为单元格 B4 赋值"一等"，单元格 B5 赋值"二等"，单元格 B6 赋值"一等"，在 C4 单元格中输入公式：=IF（B4="一等"，"1000"，"800"），并将公式复制到 C5、C6 单元格，则 C4、C5、C6 单元格的值分别是（　　　）。

    A．1000,1000,800   B．800,1000,800

    C．1000,800,1000   D．都不对

23. Excel 2010 电子表格文件的默认扩展名为（　　　）。

    A．.xlc   B．.xlsx   C．.xls   D．.xla

24. 在 Excel 2010 中公式或者函数中表示范围地址是以（　　　）分隔的。

    A. 逗号　　　　　　B. 冒号　　　　　　C. 分号　　　　　　D. 等号

25. 在 Excel 中如果一个单元格中的信息是以 "=" 开头，则说明该单元格中的信息是（　　　）。

    A. 常数　　　　　　B. 公式　　　　　　C. 提示信息　　　　D. 无效数据

26. Excel 中将单元格 F2 中的公式 "=SUM(A2:E2)" 复制到单元格 F3 中，F3 中显示的公式为（　　　）。

    A. =SUM(A2:E2)　　　　　　　　　　B. =SUM(A3:E2)

    C. =SUM(A2:E3)　　　　　　　　　　D. =SUM(A3:E3)

27. 在 Excel 中，表格的宽度和高度（　　　）。

    A. 行高列宽均不可变　　　　　　　　B. 列宽可变行高不可变

    C. 行高可变列宽不可变　　　　　　　D. 行高列宽均可变

28. 在 Excel 中，以 A1 和 C5 为对角所形成的矩形区域的表示方法是（　　　）。

    A. A1－C5　　　　B. A1:C5　　　　C. A1～C5　　　　D. A1,C5

29. 在 Excel 的下列引用地址中，（　　　）是绝对地址。

    A. A100　　　　　B. A$100　　　　C. $A100　　　　D. $A$100

30. 在 Excel 中，做筛选数据操作后，表格中未显示的数据（　　　）。

    A. 已被删除，不能再恢复　　　　　　B. 已被删除，但可以恢复

    C. 被隐藏起来，但未被删除　　　　　D. 已被放置在另一个表格中

31. 在 Excel 2010 工作簿中，字符串连接符是（　　　）。

    A. $　　　　　　　B. @　　　　　　C. %　　　　　　D. &

32. 在 Excel 2010 工作簿中，对工作表的第 D 列第 7 行的单元格用$D7 来引用的方法称为对单元格的（　　　）。

    A. 绝对引用　　　　B. 相对引用　　　　C. 混合引用　　　　D. 交叉引用

33. 如果 Excel 2010 工作簿中某单元格中的数值显示为 "###、###"，这表示（　　　）。

    A. 公式错误　　　　B. 各式错误　　　　C. 行高不够　　　　D. 列宽不够

34. 在 Excel 2010 工作簿中，可选择（　　　）填入一列等差数列（单元个内容是常数而不是公式）。

    A. "插入" 命令　　B. "填充柄"　　　C. "工具" 命令　　D. "替换" 命令

35. 在 Excel 2010 工作簿中，如果要对某一字段进行分类汇总，其顺序是（　　　）。

    A. 先排序后分类　　　　　　　　　　B. 先分类后排序

    C. 先筛选后分类　　　　　　　　　　D. 先分类后筛选

36. 在 Excel 2010 工作簿中，假定单元格 D3 中保存的公式为 "=B3+C3"，若把该公式复制到 E4 单元格中，则 E4 单元格中保存的公式为（　　　）

    A. "=B3+C3"　　　　　　　　　　　B. "=C3+D3"

    C. "=B4+C4"　　　　　　　　　　　D. "=C4+D4"

37. 在 Excel 2010 工作簿中，要删除选定单元格中的批注，可以（　　　）。

    A. 按【Delete】键

    B. 单击【编辑】→【删除】按钮

第 2 部分　理论知识习题集

C. 右击批注，在弹出的快捷菜单中选择"删除批注"命令

D. 选择"编辑"→"清除"→"内容"命令

38. 使用（　　）键可以选择多个不连续的单元格。

A.【Ctrl】　　　　B.【Shift】　　　　C.【Alt】　　　　D.【Enter】

39. 下面（　　）键能把单元格引用变为绝对引用。

A.【F2】　　　　B.【F3】　　　　C.【F4】　　　　D.【F5】

40. 下面（　　）单元格地址位于默认 Excel 工作表的第四列。

A. B7　　　　B. A4　　　　C. E3　　　　D. D5

41. 在 Excel 2010 中，"XY 图"指的是（　　）。

A. 散点图　　　　B. 柱形图　　　　C. 条形图　　　　D. 折线图

42. 已知 Excel 2010 的工作表 B3 单元与 B4 单元格的值分别为"信息""时代"，要在 C4 单元格中显示"信息时代"，正确的公式为（　　）。

A. =B3+B4　　　　B. =B3,B4　　　　C. =B3&B4　　　　D. =B3;B4

43. 如果想在 Excel 中计算 853 除以 16 的结果，应该（　　）数学运算符。

A. *　　　　B. /　　　　C. -　　　　D. %

44. 公式结果在单元格 C6 中，如果想查看公式的内容应（　　）。

A. 单击单元格 C6，然后按【Ctrl+Shift】组合键

B. 单击单元格 C6，然后按【F5】键

C. 单击单元格 C6，然后按【Ctrl+`】组合键

D. 在 C6 单元格中单击

45. 在 Excel 中，将 Sheet2 的 B6 单元格内容与 Sheet1 的 A4 单元格内容相加，其结果放入 Sheet1 的 A5 单元格中，则在 Sheet1 的 A5 单元格中应输入公式（　　）。

A. =Sheet2$B6+Sheet1$A4　　　　B. =Sheet2!B6+Sheet1!A4

C. Sheet2$B6+Sheet1$A4　　　　D. Sheet2!B6+Sheet1!A4

46. 在 Excel 中，"Sheet2!C2"中的 Sheet2 表示（　　）。

A. 工作表名　　　　B. 工作簿名　　　　C. 单元格名　　　　D. 公式名

47. 当单元格 A4 的值为 10，单元格 B4 的值为 4 时，函数=IF（B4>A4，B4*A4，B4/A4）的结果为（　　）。

A. 40　　　　B. 10　　　　C. 4　　　　D. 0.4

48. 不能选定全部工作表的操作是（　　）。

A. 单击第一张工作表标签，按住【Shift】键，然后单击最后一张工作表标签

B. 单击第一张工作表标签，按住【Ctrl】键，然后单击最后一张工作表标签

C. 右击任何一张工作表标签，在弹出的快捷菜单中选择【选定全部工作表】命令

D. 按住【Ctrl】键的同时依次单击每张工作表标签

49. 下面有关 Excel 的表述正确的是（　　）。

A. 单元格可以命名

B. 单元格区域不可以命名

C. 在单元格中输入公式="1"+"2"的结果一定显示数值 3

D．复制单元格和复制单元格中的内容操作是相同的

50．在单元格 A1、A2、B1、B2 中有文本数据 1、2、3、4，在单元格 C5 中输入公式"=COUNT(A1:B2)*2"，C5 单元格的内容为（　　）。

    A．0　　　　　　B．8　　　　　　C．12　　　　　　D．48

51．一个 Excel 工作簿最多可包含工作表的个数是（　　）。

    A．256　　　　　B．10　　　　　C．255　　　　　D．任意多个

52．在 Excel 工作表中，不能代表单元格中日期为"1999 年 6 月 6 日"的输入方式是（　　）。

    A．=6/6/1999　　　　　　　　　B．1999-6-6

    C．一九九九年六月六日　　　　　D．6-6-99

53．在 Excel 工作表中，单元格中的文本型数据其默认水平对齐方式为（　　）。

    A．左对齐　　　　B．右对齐　　　　C．两端对齐　　　　D．居中

54．在 Excel 工作表的 A1 单元格的编辑栏中输入"'3/3"并单击"√"按钮，则单元格内容为（　　）。

    A．1　　　　　　B．3.3　　　　　C．3/3　　　　　D．#####

55．在 Excel 工作表中，A1 单元格内日期数据内容为"3 月 3 日"，将 A1 单元格的格式修改为数值型，应使用（　　）对话框。

    A．【样式】　　　　B．【条件格式】　　C．【自动套用格式】　　D．【设置单元格格式】

56．在 Excel 中，下面可以自动产生序列数据的是（　　）。

    A．星期一　　　　B．2　　　　　　C．第三季度　　　　D．九

57．假如单元格 D2 的值为 6，则函数"=IF(D2>8,D2/2,D2*2)"的结果为（　　）。

    A．3　　　　　　B．6　　　　　　C．8　　　　　　D．12

58．在 Excel 中，空心十字型鼠标指针和实心十字型鼠标指针分别可以进行的操作是（　　）。

    A．拖动时选择单元格；拖动时复制单元格内容

    B．拖动时复制单元格内容；拖动时选择单元格

    C．作用相同，都可选择单元格

    D．作用相同，都可复制单元格内容

59．在 Excel 2010 工作表中，单元格区域 D2:E4 所包含的单元格个数是（　　）。

    A．5　　　　　　B．6　　　　　　C．7　　　　　　D．8

60．在 Excel 中，图表和数据表放在一起的方法，称为（　　）。

    A．自由式图表　　B．分离式图表　　C．合并式图表　　D．嵌入式图表

61．在 Excel 中，下列关于清除单元格内容、格式或批注的说法中错误的是（　　）。

    A．如果选定单元格后按【Delete】键，Microsoft Excel 将只清除单元格中的内容，而保留其中的批注和单元格格式

    B．如果选定单元格后按【Backspace】键，Microsoft Excel 将只清除单元格中的内容，而保留其中的批注和单元格格式

    C．此时，清除后的单元格值为空。因此，对该单元格进行引用的公式将接收到一个空值

    D．如果清除了某单元格，Microsoft Excel 将删除其中的内容、格式、批注或全部三项

62. 在 Excel 中，插入一组单元格后，活动单元格将（　　　）移动。

    A. 向上　　　　　　B. 向左　　　　　　　C. 向右　　　　　　　D. 由设置而定

63. 如果要引用单元格区域，应输入引用区域左上角单元格的引用（　　　）区域右下角的单元格的引用。

    A. !　　　　　　　B. [ ]　　　　　　　　C. :　　　　　　　　D. ,

64. 在 Excel 状态下，先后按顺序打开了 A1.xlsx、A2.xlsx、A3.xlsx、A4.xlsx 四个工作簿文件后，当前活动的窗口是（　　　）工作簿的窗口。

    A. A1.xlsx　　　　B. A2.xlsx　　　　　C. A3.xlsx　　　　　D. A4.xlsx

65. 下列操作可以使选定的单元格区域输入相同数据的是（　　　）。

    A. 在输入数据后按【Ctrl+Space】组合键

    B. 在输入数据后按【Enter】键

    C. 在输入数据后按【Ctrl+Enter】组合键

    D. 在输入数据后按【Shift+Enter】组合键

66. 当在函数或公式中没有可用数值时，将产生错误值（　　　）。

    A. #VALUE!　　　B. #NUM!　　　　　C. #DIV/O!　　　　D. #N/A

67. 在 Excel 的完整路径最多可包含（　　　）字符。

    A. 256　　　　　　B. 255　　　　　　　C. 218　　　　　　　D. 178

68. 下列符号中不属于比较运算符的是（　　　）。

    A. <=　　　　　　B. =<　　　　　　　C. <>　　　　　　　D. >

69. Excel 中生成一个图表工作表，默认状态下该图表的名字是（　　　）。

    A. 无标题　　　　B. Sheet1　　　　　C. Book1　　　　　D. 图表 1

70. 工作表被删除后，下列说法正确的是（　　　）。

    A. 数据还保存在内存中，只不过是不再显示

    B. 数据被删除，可以用"撤销"来恢复

    C. 数据进入了回收站，可以去回收站将数据恢复

    D. 数据被全部删除，而且不可用"撤销"来恢复

71. 执行如下操作：当前工作表是 Sheet1，按住【Shift】键的同时单击 Sheet2，在 A1 中输入 100，并把它的格式设为斜体，正确的结果是（　　　）。

    A. 工作表 Sheet2 中的 A1 单元没有任何变化

    B. 工作表 Sheet2 中的 A1 单元出现正常体的 100

    C. 工作表 Sheet2 中的 A1 单元出现斜体的 100

    D. 工作表 Sheet2 中的 A1 单元没有任何变化，输入一个数后自动变为斜体

72. 在 Excel 中，用筛选条件"数学>70 与总分>350"对考生成绩数据表进行筛选后，在筛选结果中显示的是（　　　）。

    A. 所有数学>70 的记录　　　　　　　　B. 所有数学>70 或者总分>350 的记录

    C. 所有总分>250 的记录　　　　　　　　D. 所有数学>70 与总分>350 的记录

73. 下面是"把一个单元区域的内容复制到新位置"的步骤，操作有误的是（　　　）。

    A. 选定要复制的单元或区域

    B. 执行【开始】→【剪切】命令，或单击【剪切】按钮

C．单击目的单元或区域的左上角单元

D．执行【编辑】→【粘贴】命令或单击【粘贴】按钮

74．工作表 Sheet1、Sheet2 均设置了打印区域，当前工为作表 Sheet1，执行【文件】→【打印】命令后，在默认状态下将打印（　　　）。

A．Sheet1 中的打印区域

B．Sheet1 中键入数据的区域和设置格式的区域

C．在同一页 Sheet1、Sheet2 中的打印区域

D．在不同页 Sheet1、Sheet2 中的打印区域

75．删除当前工作表中某列的正确操作步骤是（　　　）。

A．选定该列，按【Backspace】键

B．选定该列，执行【剪切】命令

C．选定该列，执行【清除】命令

D．选定该列，按【Delete】键

76．删除单元格是指（　　　）。

A．将单元格的格式清除　　　　　　B．将单元格中的内容从工作表中清除

C．将选定的单元格从工作表中移去　　D．将单元格所在列从工作表中移去

77．关于工作簿和工作表说法正确的是（　　　）。

A．每个工作簿只能包含 3 张工作表

B．只能在同一工作簿内进行工作表的移动和复制

C．图表必须和其数据源在同一工作表上

D．在工作簿中，正在操作的工作表称为活动工作表

78．在 Excel 中，下列激活图表的正确方法是（　　　）。

A．按方向键　　　　　　　　　　　B．使用鼠标单击图表

C．按【Enter】键　　　　　　　　　D．按【Tab】键

79．在 Excel 中，文本以及包含数字的文本进行升序排序时，（　　　）。

A．数字排在英文的前面　　　　　　B．英文排在数字的前面

C．不能确定　　　　　　　　　　　D．始终不变

80．在 Excel 中，选中多个单元格后，名称框内显示的只是选中区域（　　　）的单元格地址。

A．左上角　　　　B．左下角　　　　C．右上角　　　　D．右下角

二、填空题

1．Excel 电子表格是一种_____维的表格。

2．Excel 中完整的单元格地址通常包括工作簿名、_____、列表号、行标号。

3．在工作表中第 3 行第 4 列的单元格的名称为_____。

4．在 Excel 中，对数据列表进行分类汇总以前，必须先对作为分类依据的字段进行_____操作。

5．函数 AVERAGE(A1:A3)相当于用户输入_____公式。

6．在 Excel 中通过工作表创建的图表有两种，分别是_____图表和_____图表。

7. Excel 工作表的"编辑"栏包括_____和_____；其中_____将显示在名称框中。

8. Excel 中_____型数据是可以直接输入到单元格内的数据，它可以是文字或者数值（包括日期、时间、货币等数值）。

9. Excel 中的删除操作是指将选定的单元格和单元格内的_____一并删除。

10. Excel 中单元格地址根据它被复制到其他单元格后是否会改变，分为_____引用、绝对引用和混合引用。

11. 在 Excel 中某工作表的 B4 中输入"=5+3*2"，按【Enter】键后该单元格内容为_____。

12. Excel 中用来存储并处理工作数据的文件称为_____。

13. Excel 工作簿文件的扩展名默认为_____。

14. 单击所需要单元格，可选定该单元格为_____，在编辑栏左侧的名称框中输入"DF23587"，按【Enter】键可选定_____单元格为当前活动单元格。

15. 在单元格中输入文字，系统默认为_____对齐。

16. 用户选定所需的单元格或单元格区域后，在当前单元格或单元区域的右下角出现一个黑色方块，这个黑色方块称为_____。

17. 单击_____可选定该标签名字对应的工作表。

18. 调整行高或列宽的方法有_____和_____。

19. 如果操作中进行了错误操作，可使用快速访问工具栏上的_____按钮来纠正。

20. 查找和替换操作时系统默认范围为当前_____。

21. _____操作将把单元格连同其中的数据一同删除；_____操作则只清除单元格中的_____。

22. 公式必须以_____开头，系统将_____号后面的字符串识别为公式。

23. 单元格引用包括_____、_____和_____。

24. 使用_____功能，可以查看工作表的打印成果。

25. 在"页面设置"对话框中可以设置打印方向、缩放比例和纸张大小。系统默认的打印方向为_____，默认的缩放比例为_____。

26. 当打印内容较多，一页打印不下时，系统会_____分页打印。用户也可以根据实际需要使用"页面布局"选项卡中的_____命令，手工设置分页线。

27. 第一行第一列单元格至第四行第二列单元格的区域的地址表示为_____。

28. 在 Excel 中如果要在当前工作簿中复制工作表，需要在按住_____键的同时，拖动工作表标签。

29. 若将工作表中满足条件的数据显示出来，其他数据隐藏，可以使用_____命令实现。

30. 若将工作表中第 2 行到第 5 行、第 2 列到第 6 列之间的所有单元格数据求和，公式可以写为_____。

31. 若想在单元格中输入当前日期，应按_____组合键。

32. Excel 中合并单元格后，合并后取原所选区域_____单元格的数据。

33. 选择一个已有数据的单元格，直接输入新的数据，则单元格中的原数据会_____。

34. 在 Excel 中编辑栏的作用是_____。

35. 在 Excel 中编辑栏中的按钮"√"表示_____。

36. 若在工作表中选取一个单元格区域，则其中活动单元格的数目为_____。

37. 在 Excel 中，如果要在单元格内强行换行，应按住_____键的同时再按【Enter】键。

38. 在 Excel 中，输入到单元格中数值的默认格式为_____。

39. 当前单元格的内容同时显示在该单元格和_____中。

40. 当前单元格的地址显示在_____中。

41. 如果要将工作表的 A5 单元格中的字符串与 A6 单元格中的字符串合并在 B5 单元格中，则在 B5 单元格中应输入_____。

42. 在 Excel 中，提取当前日期的函数是_____。

43. Excel 的数据种类很多，包括_____、_____、日期时间、公式和函数等。

44. 当 Excel 中输入的数据位数太长，一个单元格放不下时，数据将自动改为_____。

45. 工作表的格式化包括_____的格式化和_____的格式化。

46. Excel 中的运算符包括_____、_____、_____和引用运算符。

47. 连接运算符是_____，其功能是把两个字符连接起来。

48. 函数的一般格式为_____，在参数表中各参数间用_____隔开，输入函数时前面要首先输入_____。

49. 分类汇总是将工作表中已经_____某一列的数据进行分类汇总，并在表中插入一行来存放_____。

50. 在 Excel 中，若只需打印工作表的一部分数据时，应先_____。

51. 在 Excel 中输入数据时，如果输入的数据具有某种内在规律，则可以利用它的_____功能进行输入。

52. 在 Excel 中，假定存在一个数据库工作表，内含系科、奖学金、成绩等项目，现要求出各系科发放的奖学金总和，则应先对系科进行_____，然后单击【数据】选项卡中的【分类汇总】按钮。

53. 在 Excel 中，若存在一张二维表，其第 5 列是学生奖学金，第 6 列是学生成绩。已知第 5 行至第 20 行为学生数据，现要将奖学金总数填入第 21 行第 5 列，则该单元格填入_____。

54. 在 Excel 中输入等差数列，可以先输入第一，第二个数列项，接着选定这两个单元格，再将鼠标指针移到_____上，按一定方向进行拖动即可。

55. 在 Excel 中，为了区别"数字"与"数字字符串"，在输入的"数字字符串"前应加上_____符号以区别"数字"。

56. 设工作表 Sheet1 中已有数据，在工作表 Sheet2 的单元格 A3 中要对 Sheet1 中的 A1、A2 单元格中的数据求和，其公式为_____。

57. 在 A1 单元格中输入数据 $12345，确认后该单元格显示的数据（含格式）应为_____。

58. 在 Excel 中，设 A1~A4 单元格的数值分别为 15，20，30，50；B5 单元格中的公式为 =IF(AVERAGE(A$1:A$4))>=60，"及格"，"不及格"）。若将 B5 中的公式复制到 C5 单元格，则

C5 中的公式为_____,若将 B5 中的公式移动到 C5 单元格,则 C5 中的公式为_____,若将 B5 中的公式复制到 A5 单元格,则 A5 中会显示_____信息。

59. 单击单元格 E6,在编辑栏中显示"=AVERAGE(B4:D4)",其含义是_____。

60. 在 Excel 工作表中,要在连续的单元格填充数据,操作时可拖动单元格的_____。

三、判断题

1. (   )电子表格软件是对二维表格进行处理并可制作成报表的应用软件。

2. (   )Excel 中的工作簿是工作表的集合。

3. (   )在 Excel 中,不能进行插入和删除工作表的操作。

4. (   )Word 和 PowerPoint 中可以嵌入 Excel 表格。

5. (   )当需要一个新的文件名保存一个已经存在的文件时,可以使用【另存为】命令。

6. (   )工作簿和工作表之间没有区别。

7. (   )在单元格中输入数据之前或之后,都可以设置单元格数据的格式。

8. (   )当要强调或突出显示工作表中的某个特殊区域时,给单元格添加颜色或图案是非常有用的方法。

9. (   )如果表格大于一个页面,想要使行标题出现在每个页面的顶部且在数据之前,可设置打印标题行。

10. (   )在 Excel 中只能创建二维图表。

11. (   )在 Excel 中,图表一旦建立,其标题的字体、字形是不可改变的。

12. (   )Excel 是一种表格式数据综合管理与分析系统。

13. (   )在 Excel 中,若只需打印工作表的部分数据,应先把它们复制到一张单独的工作表中。

14. (   )在 Excel 中,去掉某单元格的批注,可以使用【删除】命令。

15. (   )删除 Excel 工作表中的数据,相应图表中的数据系列不会删除。

16. (   )双击应用程序标题栏最左侧的图标,可以快速退出当前应用程序。

17. (   )应用程序的功能区无法进行折叠或展开,它是固定不变的。

18. (   )当用户新创建一个工作簿时,默认产生 3 个(Sheet1、Sheet2、Sheet3)工作表。

19. (   )多个单元格区域是用分号(;)隔开表示的。

20. (   )单元格在绝对引用时,要在列号与行号前添加"&"符号。

21. (   )在 Excel 中,按大小概念次序排列的是"工作表、工作簿、单元格"。

22. (   )选中某个单元格后,可以利用编辑栏显示、修改、输入数据内容。

23. (   )输入分数,要先输入一个 0 和一个空格,然后再输入分数。

24. (   )在单元格中输入文本内容,可以按【Alt+Enter】组合键进行手动换行。

25. (   )在单元格中输入相同的内容,除了使用填充柄,还可以使用【Ctrl+Enter】组合键。

26. (   )当我们需要把单元格中的数值型数字设置为文本型,要在输入前先输入个英文状态下的双引号。

27. (   )删除工作表后,还可以在回收中将其恢复。

28. (   )要输入公式必需先输入"="号。

29.（　　）在工作簿的标题栏处出现"工作组"字样，因为同时选择了多个工作表。

30.（　　）使用文本运算符"&"，可将两个或多个文本值串起来产生一个连续的文本值。

四、简答题

1. 什么是工作簿？什么是工作表？什么是单元格？它们之间有什么关系？

2. 在单元格中可以输入哪些数据？

3. 清除单元格与删除单元格有什么不同？

4. 复制单元格与删除单元格有什么不同？

5. 公式是由哪几部分组成的？Excel 如何识别公式？

6. 引用单元格地址有几种表示方法？举例说明。

7. 什么是函数？函数由哪几部分组成？举例说明。

8. 对表格中数据进行求和运算有哪几种方式？

9. 如果需要对表格数据进行筛选应如何操作？高级筛选中条件的书写格式是什么？

10. 对表格中数据进行排序时，不同类型的数据是如何排序的？可以将多列数据作为排序关键字吗？

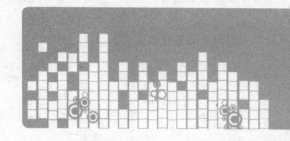

第 5 章
PowerPoint 2010 习题

一、选择题

1. 在 PowerPoint 2010 中，能从当前幻灯片开始放映的方法是（　　　）。

    A．单击【视图】→【幻灯片放映】按钮

    B．单击【幻灯片放映】选项卡【开始放映幻灯片】组中的【观看放映】按钮

    C．单击窗口左下角的【幻灯片放映】按钮

    D．按【F5】键

2. 在 PowerPoint 2010 的幻灯片浏览视图下，不能完成的操作是（　　　）。

    A．调整个别幻灯片位置　　　　　　　B．删除个别幻灯片

    C．编辑个别幻灯片内容　　　　　　　D．复制个别幻灯片

3. 在 PowerPoint 2010 中，对于已创建的多媒体演示文档可以用（　　　）命令转移到其他
未安装 PowerPoint 2010 的机器上放映。

    A．文件/打包　　　　　　　　　　　　B．文件/发送

    C．复制　　　　　　　　　　　　　　D．幻灯片放映/设置幻灯片放映

4. 在 PowerPoint 2010 中，"开始"选项卡中的（　　　）按钮可以用来改变某一幻灯片的
布局。

    A．绘图　　　　　　　　　　　　　　B．幻灯片版式

    C．幻灯片配色方案　　　　　　　　　D．字体

5. PowerPoint 2010 中，有关幻灯片母版中的页眉页脚，下列说法错误的是（　　　）。

    A．页眉或页脚是加在演示文稿中注释性内容

    B．典型的页眉/页脚内容是日期、时间以及幻灯片编号

    C．在打印演示文稿的幻灯片时，页眉/页脚的内容也可以打印出来

    D．不能设置页眉和页脚的文本格式

6. PowerPoint 2010 中，在浏览视图下，按住【Ctrl】键并拖动某幻灯片，可以完成（　　　）
操作。

    A．移动幻灯片　　　B．复制幻灯片　　　C．删除幻灯片　　　D．选定幻灯片

7. 如果终止幻灯片的放映，可直接按（　　　）键。

    A．【Ctrl+C】　　　　B．【Esc】　　　　C．【End】　　　　D．【Alt+F4】

8. PowerPoint 2010 中，在（   ）视图中，用户可以看到画面变成上下两半，上面是幻灯片，下面是文本框，可以记录演讲者讲演时所需的一些提示重点。

　　A．备注页视图　　　　　　　　　　B．浏览视图

　　C．幻灯片视图　　　　　　　　　　D．黑白视图

9. PowerPoint 2010 中，有关幻灯片母版的说法中错误的是（   ）。

　　A．只有标题区、对象区、日期区、页脚区

　　B．可以更改占位符的大小和位置

　　C．设置占位符的格式

　　D．可以更改文本格式

10. 一个 PowerPoint 2010 演示文稿是由若干个（   ）组成。

　　A．幻灯片　　　　　　　　　　　　B．图片和工作表

　　C．Office 文档和动画　　　　　　　D．电子邮件

11. PowerPoint 2010 的超链接可以是幻灯片播放时自动跳转到（   ）。

　　A．某个 Web 页面　　　　　　　　B．演示文稿中某一指定的幻灯片

　　C．某个 Office 文档或文件　　　　D．以上都可以

12. 在空白幻灯片中不可以直接插入（   ）。

　　A．文本框　　　B．超链接　　　C．艺术字　　　　D．Word 表格

13. 在演示文稿中，在插入超链接中所链接的目标，不能是（   ）。

　　A．另一个演示文稿　　　　　　　　B．同一演示文稿的某一张幻灯片

　　C．其他应用程序的文档　　　　　　D．幻灯片中的某个对象

14. 进入幻灯片模板的方法是（   ）。

　　A．在【设计】选项卡中选择一种主题

　　B．在【视图】选项卡中单击"幻灯片浏览视图"按钮

　　C．在【文件】选项卡中选择"新建"命令项下的"样本模板"选项

　　D．在【视图】选项卡中单击"幻灯片模板"按钮

15. 为了使所有幻灯片有统一的、特有的外观风格，可通过设置（   ）操作实现。

　　A．幻灯片　　　B．配色方案　　　C．幻灯片切换　　　D．母版

16. 在 PowerPoint 2010 中，下列说法错误的是（   ）。

　　A．在文档中可以插入音乐（如 CD 乐曲）

　　B．在文档中可以插入影片

　　C．在文档中插入多媒体内容后，放映时只能自动放映，不能手动放映

　　D．在文档中可以插入声音

17. 关于幻灯片母版操作，在标题区或文本区添加各幻灯片都能够共有文本的方法是（   ）。

　　A．选择带有文本占位符的幻灯片版式　　B．单击直接输入

　　C．使用文本框　　　　　　　　　　　　D．使用模板

18. PowerPoint 2010 中自带很多图片文件，若将它们加入演示文稿中，应使用插入（　　）操作。

    A. 对象　　　　　　B. 剪贴画　　　　　　C. 自选图形　　　　　D. 符号

19. 在 PowerPoint 2010 中选择了某种"样本模板"，幻灯片背景显示（　　）。

    A. 可以更换模板　　　　　　　　　　B. 录制旁白

    C. 自定义动画　　　　　　　　　　　D. 排练计时

20. 在 PowerPoint 2010 中，按（　　）键可切换到最后一张幻灯片。

    A.【End】　　　　　B.【Home】　　　　　C.【PageDown】　　　D.【Enter】

21. 在 PowerPoint 中，幻灯片"切换"效果是指（　　）。

    A. 幻灯片切换时的特殊效果　　　　　B. 幻灯片放映时，系统默认的一种效果

    C. 幻灯片中某个对象的动画效果　　　D. 幻灯片切换效果中不含"声音"效果

22. 在 PowerPoint 中，设置放映方式、控制演示文稿的播放过程是指（　　）。

    A. 设置幻灯片的切换效果

    B. 设置演示文稿播放过程中幻灯片进入或离开屏幕时产生的视觉效果

    C. 设置幻灯片中文本、声音、图像及其他对象的进入方式和顺序

    D. 设置放映类型、换片方式、指定要演示的幻灯片

23. 在 PowerPoint 2010 演示文稿中，为在切换幻灯片时添加声音，可以选择（　　）选项卡【切换到此幻灯片】组中的【切换声音】按钮。

    A.【编辑】　　　　　B.【切换】　　　　　C.【插入】　　　　　D.【幻灯片放映】

24. PowerPoint 2010 演示文稿设计模板的默认扩展名是（　　）。

    A. .pot　　　　　　　B. .pft　　　　　　　C. .ppt　　　　　　　D. .prt

25. 在 PowerPoint 2010 演示文稿中，设置超链接的目标对象可以是同一演示文稿中（　　）。

    A. 某张幻灯片中的图片　　　　　　　B. 某张幻灯片中的文本

    C. 某张幻灯片中的动画　　　　　　　D. 某张幻灯片

26. PowerPoint 是关于（　　）方面的软件。

    A. 电子数据表格　　　　　　　　　　B. 文字处理

    C. 演示文稿制作　　　　　　　　　　D. 数据库处理

27. 若关闭当前演示文稿文件，但不想退出 PowerPoint，应（　　）。

    A. 选择【文件】→【关闭】命令　　　B. 选择【文件】→【退出】命令

    C. 单击标题栏右端的【关闭】按钮　　D. 选择窗口控制菜单中的【关闭】命令

28. 幻灯片是演示文稿的（　　）。

    A. 组成内容　　　B. 别名　　　　　　C. 一个部分　　　　D. 文件名

29. 在 PowerPoint 中（　　）。

    A. 只能打开一个演示文稿　　　　　　B. 最多能打开四个演示文稿

    C. 不能同时打开多个演示文稿　　　　D. 可以同时打开多个演示文稿

30. 在 PowerPoint 中，各种视图的切换按钮位于窗口的（　　）。

    A. 左上角　　　　　B. 左下角　　　　　C. 右上角　　　　　D. 右下角

31. 在 PowerPoint 中，可以看到整个演示文稿的内容，浏览各个幻灯片及相对位置的视图方式是（　　）。

    A．普通视图　　　　　　　　　　　　B．幻灯片浏览视图

    C．备注视图　　　　　　　　　　　　D．浏览器放映视图

32. 在 PowerPoint 中，主要用于编辑幻灯片的视图方式是（　　）。

    A．普通视图　　　　　　　　　　　　B．幻灯片浏览视图

    C．备注视图　　　　　　　　　　　　D．浏览器放映视图

33. 在 PowerPoint 2010 的大纲窗格中，不可以（　　）。

    A．插入幻灯片　　B．删除幻灯片　　C．移动幻灯片　　D．添加幻灯片

34. 在 PowerPoint 功能区中，浅灰色显示的按钮表示（　　）。

    A．没有安装该命令　　　　　　　　B．该命令在当前状态下不能执行

    C．命令显示方式不对　　　　　　　D．该命令正在使用

35. 以下（　　）是 PowerPoint 窗口的组成部分。

    A．标题栏　　　　B．功能区　　　　C．状态栏　　　　D．以上都是

36. 当需要在演示文稿中添加一张新幻灯片时，可选择（　　）选项卡。

    A．开始　　　　　B．插入　　　　　C．设计　　　　　D．加载项

37. 在幻灯片浏览视图中，采用鼠标拖动的方式复制幻灯片，需要先按住（　　）键。

    A.【Shift】　　　B.【Ctrl】　　　　C.【Alt】　　　　D.【Delete】

38. 在下列幻灯片版式中，（　　）版式不含有占位符。

    A．标题与内容　　B．比较　　　　　C．仅标题　　　　D．空白

39. 在空白版式的幻灯片中输入文字，必须先添加（　　）。

    A．文本框　　　　B．占位符　　　　C．对象　　　　　D．空白

40. 对于幻灯片中文本框内的文字，设置项目符号应当采用（　　）命令。

    A.【插入】→【符号】→【符号】

    B.【插入】→【插图】→【形状】

    C.【开始】→【段落】→【项目符号】

    D.【视图】→【显示】→【标尺】

41. 空演示文稿的含义是指幻灯片（　　）。

    A．背景无图案有颜色　　　　　　　B．背景无颜色有图案

    C．背景既无图案也无颜色　　　　　D．背景只有简单的边框

42. 删除幻灯片的操作不能在（　　）中进行。

    A．普通视图的幻灯片窗格　　　　　B．普通视图的大纲窗格

    C．幻灯片浏览视图　　　　　　　　D．幻灯片放映视图

43. 在当前的演示文稿中加入其他演示文稿的幻灯片，应在（　　）选项卡中进行操作。

    A．开始　　　　　　B．插入　　　　　C．设计　　　　　D．切换

44. 编辑备注内容可以在（　　）中进行。

    A．普通视图　　　　　　　　　　　B．备注页母版

    C．幻灯片浏览视图　　　　　　　　D．以上都可以

45. 以下说法错误的是（　　　）。

    A. 备注内容可以预览　　　　　　　　B. 备注内容可以打印

    C. 备注内容可以放映　　　　　　　　D. 备注内容可以进行编辑

46. 使用含有内容版式的幻灯片，可以插入（　　　）。

    A. 表格　　　　　B. 图表　　　　　C. 剪贴画　　　　　D. 以上都可以

47. 使用含有内容版式的幻灯片，可以插入（　　　）。

    A. CD 音乐　　　B. SmartArt 图形　　C. 影片　　　　　D. 以上都可以

48. 插入到幻灯片中的图形不能实现的操作是（　　　）。

    A. 任意旋转　　　B. 任意改变颜色　　C. 任意改变大小　　D. 任意改变位置

49. 艺术字的颜色可以在（　　　）选项卡中进行更改。

    A.【开始】　　　　　　　　　　　　B.【绘图工具】|【格式】

    C.【设计】　　　　　　　　　　　　D.【切换】

50. 当幻灯片中插入 SmartArt 图形，主要是为了统一幻灯片的（　　　）。

    A. 文字格式　　　B. 文字颜色　　　C. 背景图案　　　D. 以上全是

51. 在 PowerPoint 中，幻灯片（　　　）是一类特殊的幻灯片，控制了文本特征、背景颜色和一些特殊效果。

    A. 模板　　　　　B. 母版　　　　　C. 版式　　　　　D. 样式

52. PowerPoint 2010 的母版有（　　　）种类型。

    A. 3　　　　　　　B. 4　　　　　　　C. 5　　　　　　　D. 6

53. 对幻灯片母版做任何改动（　　　）幻灯片。

    A. 不会影响　　　B. 只会影响几张　　C. 会影响所有　　D. 只会影响一张

54. 以下（　　　）方法可以使演示文稿中的幻灯片具有一致的外观。

    A. 母版　　　　　B. 主题　　　　　C. 主题颜色　　　D. 以上都是

55. 主题颜色使用了（　　　）种颜色分别应用于背景、文本、阴影等。

    A. 5　　　　　　　B. 6　　　　　　　C. 7　　　　　　　D. 8

56. 在 PowerPoint 中，设置幻灯片背景应在（　　　）选项卡中进行

    A. 开始　　　　　B. 插入　　　　　C. 设计　　　　　D. 切换

57. 在 PowerPoint 环境中放映幻灯片的快捷键为（　　　）。

    A.【F1】　　　　　B.【F5】　　　　　C.【F7】　　　　　D.【F8】

58. 下列（　　　）命令不能在全屏幕上放映幻灯片。

    A.【幻灯片放映】按钮

    B.【幻灯片放映】→【开始放映幻灯片】→【从头开始】

    C.【阅读视图】按钮

    D.【幻灯片浏览】按钮

59. 结束幻灯片放映并返回 PowerPoint 编辑界面，错误的操作是（　　　）。

    A. 按【Esc】键

    B. 右击，在快捷菜单中选择【结束放映】命令

    C. 按【Space】键

    D. 单击屏幕左下角的按钮，选择【结束放映】命令

60. 以下说法错误的是（　　　）。

    A．幻灯片可以循环播放　　　　　　　B．隐藏的幻灯片不能播放

    C．幻灯片必须设置切换方式　　　　　D．放映幻灯片可以中途结束

61. 为幻灯片中的同一对象设置多个动画效果，应单击【动画】选项卡中的（　　　）按钮。

    A．【效果选项】　B．【高级动画】　C．【添加选项】　D．【动画窗格】

62. 对文本框中的文字分别设置进入和退出效果，应使用【动画】选项卡中的（　　　）按钮。

    A．【添加动画】　B．【动画窗格】　C．【效果选项】　D．【动画刷】

63. 在幻灯片放映时，用户可以利用绘图笔在幻灯片上写字或画画，这些内容（　　　）。

    A．自动保存在演示文稿　　　　　　　B．可以保存在演示文稿

    C．在本次演示中不可擦除　　　　　　D．在任何时候都可以擦除

64. 如果要从一张幻灯片"溶解"到下一张幻灯片，应在（　　　）选项卡中设置。

    A．【切换】　　　B．【动画】　　　C．【设计】　　　D．【开始】

65. 以下说法错误的是（　　　）。

    A．可以对多张幻灯片设置不同的切换效果

    B．幻灯片切换时可以有声音

    C．幻灯片切换时间可以任意

    D．只能选择一种换片方式

66. 在幻灯片中可以插入（　　　）。

    A．CD 乐曲　　　B．声音文件　　　C．Flash 动画　　　D．以上都可以

67. 在"设置放映方式"对话框中，可以设置（　　　）。

    A．绘图笔颜色　　　　　　　　　　　B．鼠标指针形状

    C．幻灯片切换时间　　　　　　　　　D．以上都可以

68. 隐藏某张幻灯片的含义是（　　　）。

    A．删除该张幻灯片　　　　　　　　　B．在幻灯片浏览视图中不显示该张幻灯片

    C．放映时跳过该张幻灯片　　　　　　D．以上都不正确

69. 在 PowerPoint 中，可以创建某些（　　　），在幻灯片放映时单击它们，可以跳转到指定的幻灯片。

    A．动作按钮　　　B．图标　　　　　C．图表　　　　　D．表格

70. PowerPoint 中的【超链接】命令可以做到在播放幻灯片时（　　　）。

    A．实现幻灯片之间的跳转　　　　　　B．实现幻灯片位置的移动

    C．中断幻灯片的放映　　　　　　　　D．在演示文稿中插入幻灯片

71. 在一张 A4 纸上最多可以打印（　　　）张幻灯片。

    A．3　　　　　　　B．6　　　　　　　C．9　　　　　　　D．12

72. 在 PowerPoint 中可以用彩色、灰色或纯黑白的方式打印（　　　）。

    A．讲义　　　　　　　　　　　　　　B．所有图片

    C．所有表格　　　　　　　　　　　　D．所有动画设置情况

73. PowerPoint 的"主题"功能在（　　　）选项卡中。

    A．【文件】　　　B．【页面布局】　C．【视图】　　　D．【设计】

74. 在 PowerPoint 中将一张图片进行水平反转需要执行的操作是（　　）。

　　A. 选中图片，选择【格式】选项卡【排列】组中的【旋转】→"水平翻转"按钮

　　B. 选中图片，按住鼠标进行拖动

　　C. 使用【设置图片格式】对话框设置三维格式

　　D. 选中图片，单击【开始】选项卡【编辑】组中的【水平翻转】

75. 下列选项中（　　）是 PowerPoint 专用元素。

　　A.【开始】选项卡　　　　　　　　B.【格式】选项卡

　　C.【动画】选项卡　　　　　　　　D.【页面布局】选项卡

76. 在 PowerPoint 2010 窗口中，用于添加幻灯片内容的主要区域是（　　）。

　　A. 窗口左侧【幻灯片/大纲】任务窗格中的【幻灯片】选项卡

　　B. 备注窗格

　　C. 窗口中间的幻灯片窗格

　　D. 自定义动画窗格

77. 关于幻灯片切换中，说法正确的是（　　）。

　　A. 可以改变切换速度　　　　　　B. 可以添加声音

　　C. 可以自动切换　　　　　　　　D. 以上都正确

78. 在 PowerPoint 2010 中打开了一个演示文稿，并对文稿做了修改，执行【关闭】操作后，

　　（　　）。

　　A. 文稿被关闭，并自动保存修改后的内容

　　B. 文稿不能关闭，并提示出错

　　C. 文稿被关闭，修改后的内容不能保存

　　D. 打开对话框，询问是否保存对文稿的修改

79. 在幻灯片放映过程中，返回到上一张幻灯片可用（　　）。

　　A. 按【Backspace】键　　　　　　B. 按【Page Up】键

　　C. 按向上键　　　　　　　　　　D. 以上全对

80. 在 PowerPoint 2010【幻灯片/大纲】任务窗格中，选择一张幻灯片，按【Delete】键，则（　　）。

　　A. 这张幻灯片被删除，且不能恢复

　　B. 这张幻灯片被删除，但能恢复

　　C. 这张幻灯片被删除，但可以利用"回收站"恢复

　　D. 这张幻灯片被移到回收站内

二、填空题

1. 一个演示文稿就是一个 PowerPoint 文件，PowerPoint 2010 演示文稿的扩展名为_____。

2. 一个 PowerPoint 演示文稿是由若干_____组成的。

3. 编辑及管理幻灯片的主要视图有_____视图和幻灯片浏览视图。

4. 幻灯片版式的作用是_____。

5. 主题对演示文稿_____起作用。

6．在新建演示文稿时，可以使用系统提供的_____快速建立演示文稿

7．幻灯片上使用的标题、文字、图片、图表和表格等，PowerPoint 将它们通称为_____，可以对它们进行移动、复制、删除等操作。

8．在幻灯片中输入文字，必须在_____内输入。

9．若需要在空白版式的幻灯片中输入文字，必须先插入_____。

10．"两栏内容"版式的幻灯片中表格、图片等占位符，每种都有_____个。

11．空演示文稿的含义是指幻灯片的背景是_____。

12．在普通视图或幻灯片浏览视图中，如果要选择几张不连续的幻灯片，应按住_____键，然后分别单击要选定的幻灯片。

13．如果要删除多张幻灯片，可以按住_____键逐个选择预删除的幻灯片，然后按_____键删除。

14．PowerPoint 2010 提供的幻灯片版式有_____种。

15．如把一张幻灯片拆分成两幻灯片，在_____窗格内定好拆分为止后按【Enter】键，然后单击_____按钮。

16．输入或编辑备注文字需要在普通视图的_____窗格内或_____视图下进行。

17．备注内容的作用是_____，在放映幻灯片时，备注内容_____放映出来。

18．设置幻灯片中的文本内容的行距，应使用_____选项卡_____组中的相应命令。

19．为了美化幻灯片，可以给文本框加框线、_____和_____。

20．为文本框设置底纹时，可使用【绘图工具】|【格式】选项卡的_____。

21．在幻灯片中插入图片，可以是内容版式，也可以使用_____选项卡中的相应命令。

22．选中插入的图片，系统会自动显示_____选项卡。

23．在幻灯片中插入艺术字，要使用_____选项卡中的艺术字命令。

24．在幻灯片中插入图表后，可以对图表进行修改，编辑方法与在_____软件中编辑图表的方法相似。

25．PowerPoint 的一大特色是可以使演示文稿的所有幻灯片具有一致的外观。控制幻灯片外观的方法主要有_____、_____和_____。

26．若只改变某张幻灯片的主题，应在该主题处_____，并选择_____命令。

27．在 PowerPoint 2010 中，不喜欢系统提供的主体颜色，可以_____主题颜色。

28．PowerPoint 2010 提供的母版有幻灯片母版、_____母版、_____母版。

29．要切换到幻灯片母版视图中，应选择_____命令。

30．若需要在演示文稿每张幻灯片左上角的同一位置显示公司的徽标图案，最方便、有效的方法是在_____中插入该徽标。

31．在 PowerPoint 中至少可以用 3 种不同的方法放映幻灯片，分别是_____、_____和_____。

32．使用【幻灯片放映】按钮放映幻灯片，是从_____幻灯片开始放映。

33．在放映幻灯片时，若中途结束放映，应按_____键。

34. 在放映幻灯片时，单击的结果是_____，右击的结果是_____。

35. 在放映幻灯片时，系统用一个对话框显示每张幻灯片的放映时间，可以边放映幻灯片边进行演讲，从而确定每张幻灯片的放映时间间隔，使用这种方法确定幻灯片的时间间隔的操作是_____。

36. 在放映幻灯片时，如果要将鼠标设置为画笔，应选择_____命令。

37. 若使某张幻灯片在放映时不出现，应使用_____选项卡中的_____命令。

38. 在 PowerPoint 2010 中，可为幻灯片中的文字、形状、图形等对象设置动画效果，设计基本动画的方法是先在_____中选择_____选项卡中的相应命令。

39. 可以为幻灯片中同一个对象进行设置"进入""_____"和"退出"动画效果。

40. 在幻灯片中插入声音文件，可以设置成在放映幻灯片时自动播放声音，也可以设置成_____时开始播放声音

41. 若改变幻灯片中的动画顺序，最方便的操作是首先打开_____。

42. 在幻灯片中插入一个动作按钮，应使用_____命令。

43. 在幻灯片中可以创建跳转到演示文稿中其他幻灯片的超链接，也可以创建跳转到其他文件中的超链接，还可以创建跳转到_____的超链接。

44. 设置放映演示文稿是幻灯片之间的跳转，可以用_____及_____方式。

45. 把演示文稿中的幻灯片发送到 Word 时，若需要 Word 文档中的幻灯片随演示文稿原文件中的幻灯片而变化，应在"发送到 Microsoft Office Word"对话框中选择_____选项。

46. 在大纲视图下，仅显示幻灯片的_____和_____。

47. 在 PowerPoint 中，如果要将演示文稿保存为"幻灯片放映"，使用【另存为】命令，在【保存类型】下拉列表中选择_____，该文件的扩展名为_____。

48. 在_____和_____视图下可以改变幻灯片的顺序。

49. 在一个演示文稿中_____（能或不能）同时使用不同的模板。

50. 插入一张新幻灯片，可以单击【插入】选项卡的_____按钮。

51. 幻灯片删除可以通过快捷键_____或单击_____选项卡的【删除幻灯片】按钮。

52. PowerPoint 2010 中，插入图片操作在【插入】选项卡中单击_____按钮。

53. 在普通视图下，PowerPoint 2010 窗口包括 3 个窗格，分别是_____、_____和_____。

54. 用户创建的每一张演示单页称为_____。

55. 演示文稿中每张幻灯片都是基于某种_____创建的，它预定义了新建幻灯片的各种占位符布局情况。

56. 若想改变演示文稿的播放次序，或者通过幻灯片的某一对象链接到指定文件，可以使用动作按钮或_____命令。

57. PowerPoint 2010 为用户提供了_____种视图方式，其中_____方式是默认的视图方式。

58. 如果需要将制作的演示文稿在没有安装 PowerPoint 的计算机上播放，应使用_____命令。

59. 预览幻灯片上的动画效果的方法是_____。

60. 在幻灯片放映时，从一张幻灯片过渡到下一张幻灯片的过程，称为_____。

三、判断题

1. （   ）PowerPoint 2010 文件的默认扩展名为.pptx。

2. （   ）按【Enter】键可以新建一张幻灯片。

3. （   ）PowerPoint 窗口一次只可以打开一个文件。

4. （   ）主题和幻灯片模板同一个概念。

5. （   ）在一个演示文稿中，只能使用一种主题。

6. （   ）PowerPoint 提供的主体只包含于定义的各种格式，不包含实际文本内容。

7. （   ）利用【开始】选项卡中的【复制】、【粘贴】按钮可以实现整张幻灯片的复制。

8. （   ）在备注页视图中添加的备注内容在放映幻灯片时不显示出来。

9. （   ）备注页的内容方式存储于演示文稿文件不同的另一个文件中。

10. （   ）幻灯片浏览视图能够方便地实现幻灯片的插入和复制。

11. （   ）在幻灯片中不仅可以插入剪贴画，还可以插入外部的图片文件。

12. （   ）在幻灯片中可以插入系统内置的形式各异的艺术字，用户可以选择样式，但不能更改样式。

13. （   ）在 PowerPoint 的幻灯片中可以插入多种对象，除了可以插入图形、图表外，还可以插入声音和视频。

14. （   ）可以对幻灯片中的表格进行颜色或背景填充，以达到不同的美观效果。

15. （   ）主题包含预定的格式和颜色，可以使演示文稿具有一致的外观。

16. （   ）在 PowerPoint 中可以新建主题颜色。

17. （   ）在放映幻灯片时，必须从第一张幻灯片开始放映。

18. （   ）PowerPoint 中放映幻灯片的快捷键是【F5】和【E6】。

19. （   ）在幻灯片放映中，幻灯片之间的切换只能用鼠标进行控制。

20. （   ）在 PowerPoint 中可以控制循环播放的幻灯片。

21. （   ）在幻灯片放映时，可把若干张幻灯片隐藏起来不进行播放，不用将其删除。

22. （   ）可以通过设置动作按钮，使得在放映幻灯片时通过对鼠标的移动或单击来执行相应的操作。

23. （   ）在【动作设置】对话框中，【单击鼠标】和【鼠标移过】选项卡中的设置选项是不同的。

24. （   ）幻灯片中的文本、表格、图形、图片等对象都可以作为创建超链接的起点。

25. （   ）在打印讲义时，一张纸可以打印任意多张幻灯片。

26. （   ）在 PowerPoint 中不可以打印被隐藏了的幻灯片。

27. （   ）在 PowerPoint 中，每个幻灯片是由若干对象组成的。

28. （   ）在 PowerPoint 放映幻灯片时，若中途要退出播放状态，应按【Esc】键。

29.（　　）幻灯片中内容叙述越清晰，文字越多越好。

30.（　　）不能使用第三方的主题修饰演示文稿。

四、简答题

1. 演示文稿与幻灯片的关系是什么？

2. 简述 PowerPoint 2010 几种主要视图的组成及作用。

3. 在幻灯片中插入的文本框有哪两种形式？它们的特点是什么？

4. 什么是模板？有哪几种类型？

5. 放映幻灯片有几种方法？放映方式有什么区别？

6. 在 PowerPoint 2010 普通视图下，幻灯片窗格、备注窗格的作用各是什么？

7. 如何设置幻灯片的切换效果？在【动画】选项卡中，【切换到幻灯片】组中的【全部应用】按钮的作用是什么？

8. 在幻灯片中插入超链接与插入动作按钮有何区别？分别如何操作？

9. 在演示文稿中"添加节"的作用是什么？

10. 为演示文稿应用内置主题将会发生什么样的变化？

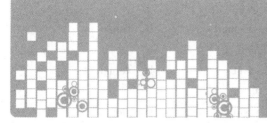

第 6 章
Internet 及网络基础习题

一、选择题

1. LAN 是（　　）是英文的缩写。

　　A．城域网　　　　　B．网络操作系统　　　C．局域网　　　　　　D．广域网

2. 在 OSI 模型的传输层以上实现互联网的设备是（　　）。

　　A．网桥　　　　　　B．中继器　　　　　　C．路由器　　　　　　D．网关

3. 所有站点均链接到公共传输媒体上的网络结构是（　　）。

　　A．总线型　　　　　B．环状　　　　　　　C．树状　　　　　　　D．混合型

4. 网址 www.pku.edu.cn 中的 "cn" 表示（　　）。

　　A．英国　　　　　　B．美国　　　　　　　C．日本　　　　　　　D．中国

5. 在计算机内，多媒体数据是以（　　）形式存在的。

　　A．ASCII 码　　　　B．二进制数码　　　　C．十进制数码　　　　D．汉字国标码

6. 在 Internet 中，http 是一种（　　）协议。

　　A．远程登录　　　　B．电子邮件　　　　　C．超文本传输　　　　D．文件传输

7. 以结点为中心，把若干外围结点连接起来的拓扑结构称为（　　）拓扑结构。

　　A．总线型　　　　　B．星状　　　　　　　C．环状　　　　　　　D．网状

8. 根据域名代码规定，域名为 katong.com.cn 表示网站类别是（　　）。

　　A．教育机构　　　　B．军事部门　　　　　C．商业组织　　　　　D．政府部门

9. 计算机网络的主要目标是（　　）。

　　A．分布处理　　　　　　　　　　　　　B．提高计算机的可靠性

　　C．将多台计算机链接起来　　　　　　　D．实现资源共享

10. 一个计算机网络组成包括（　　）。

　　A．主机和通信处理机　　　　　　　　　B．通信子网和资源子网

　　C．传输介质和通信设备　　　　　　　　D．用户计算机和终端

11. 在一所大学里，每个系都有自己的局域网，则链接各个系的局域网是（　　）。

　　A．广域网　　　　　　　　　　　　　　B．局域网

　　C．地区网　　　　　　　　　　　　　　D．这些局域网都不能互连

12. 在计算机网络中，通常把提供并管理共享资源的计算机称为（　　　）。

A. 服务器　　　　B. 工作站　　　　C. 网关　　　　D. 网桥

13. Internet 上有许多应用，其中用来传输文件的是（　　　）。

A. FTP　　　　B. WWW　　　　C. E-mail　　　　D. Telnet

14. Internet 上有许多应用，其中用来收发信件的是（　　　）。

A. WWW　　　　B. E-mail　　　　C. FTP　　　　D. Telnet

15. 下列顶级域名中表示政府机构的是（　　　）。

A. .com　　　　B. .edu　　　　C. .gov　　　　D. .net

16. WWW 引进了超文本的概念，超文本指的是包含（　　　）的文本。

A. 链接　　　　B. 图像　　　　C. 多种颜色　　　　D. 多种文本

17. 使用浏览器访问 Internet 上的 Web 站点时，看到的第一个画面称为（　　　）。

A. 主页　　　　B. Web 页　　　　C. 文件　　　　D. 图像

18. IE 工具栏中的主页按钮用于转到（　　　）。

A. MicroSoft 公司的主页　　　　B. 正在访问的站点主页

C. 进入 IE 后所显示的第一个页面　　　　D. 用户的个人主页

19. 对 Internet 的描述不正确的是（　　　）。

A. Internet 是目前最大的广域网　　　　B. Internet 采用总线拓扑结构

C. 它最吸引人的应用之一是电子邮件　　　　D. Internet 是国际互联网

20. 电子邮件（E-mail）实质上是一个（　　　）。

A. 电子文件　　　　B. 电子表格　　　　C. 电子网络　　　　D. 电子邮件

21. 具有多媒体集成能力的是（　　　），它能提供一个具有声音、图形、动画及视频魅力的界面与服务。

A. WWW　　　　B. FTP　　　　C. BBS　　　　D. E-mail

22. （　　　）覆盖的地理范围从数百千米至数前千米，甚至上万米，可以是一个地区或一个国家，甚至世界几大洲。

A. 局域网　　　　B. 城域网　　　　C. 广域网　　　　D. Internet

23. Internet 中每个电子邮箱的地址可以有（　　　）个。

A. 1　　　　B. 2　　　　C. 3　　　　D. 4

24. 在 www.sina.com.cn 中最高的域名为（　　　）。

A. sina　　　　B. com　　　　C. cn　　　　D. www、

25. Internet 的域名结构是树状的，顶级域名不包括（　　　）。

A. usa 美国　　　　B. com 商业部门　　　　C. edu 教育　　　　D. cn 中国

26. IP 地址是一串很难记忆的数字，于是人们发明了（　　　），给主机给予一个用字母表示的名字，并进行 IP 地址与名字之间的转换工作。

A. DNS 域名系统　　　　B. Windowsnt 系统

C. UNIX 系统　　　　D. 数据库系统

27. Internet 是一个（　　　）。

A. 大型网络　　　　B. 国际购物　　　　C. 计算机软件　　　　D. 网络的集合

28. 在浏览 Web 的过程中，如果发现自己喜欢的网页并希望以后多次访问，应当使用的方法是将这个页面（　　）。

　　A．建立地址簿　　　　　　　　　　B．建立浏览

　　C．用笔抄写到笔记本上　　　　　　D．放到收藏夹中

29. 超文本之所以成为超文本，是因为它里面包含有（　　）。

　　A．图形　　　　　　　　　　　　　B．声音

　　C．与其他文本链接的文本　　　　　D．电影

30. 下面是一些 Internet 上常见的文件类型，代表 WWW 页面文件类型的是（　　）。

　　A．htm 或 html　　B．txt 或 text　　C．gif 或 jpeg　　　D．wav 或 au

31. 调制解调器的作用是（　　）。

　　A．把计算机信号和音频信号互相转换　　B．把计算机信号转换为音频信号

　　C．把音频信号转换为计算机信号　　　　D．防止外部病毒进入计算机

32. IP 地址由一组（　　）位的二进制数字组成。

　　A．8　　　　　　　B．16　　　　　　C．32　　　　　　　D．64

33. 从 1993 年开始，人们通过（　　）在互联网上既可以看到文字，又可以看到图片，听到声音，使得网上的世界变得美丽多彩。

　　A．FTP　　　　　　B．E-mail　　　　C．WWW　　　　　D．Telnet

34. Internet 上有许多应用，其中主要用来浏览网页信息的是（　　）。

　　A．E-mail　　　　　B．FTP　　　　　C．Telnet　　　　　D．WWW

35. 下列不是计算机网络系统结构的是（　　）。

　　A．星状结构　　　B．总线结构　　　C．单线结构　　　D．环状结构

36. IE 可以同时打开的主页数是（　　）。

　　A．1 个　　　　　　B．2 个　　　　　C．多个　　　　　　D．用户定义数

37. 下面几种说法中，正确的是（　　）。

　　A．一台计算机只能有一个 E-mail 账号

　　B．申请 E-mail 账号后可以上网

　　C．上网的主要目的是让他人浏览自己的信息

　　D．计算机只有打开时才可接受 E-mail

38. 计算机网络的目标是实现（　　）。

　　A．资源共享和信息传输　　　　　　B．数据处理

　　C．文献查询　　　　　　　　　　　D．信息传输和数据处理

39. WWW 的中文名称是（　　）。

　　A．电子数据交互　　　　　　　　　B．万维网

　　C．电子商务　　　　　　　　　　　D．综合业务数据网

40. 在 Internet 中，电子公告板的英文缩写是（　　）。

　　A．E-mail　　　　　B．BBS　　　　　C．FTP　　　　　　D．WWW

41. 计算机网络按照联网的计算机所处位置的远近不同分为（　　）。

　　A．城域网络和远程网络　　　　　　B．局域网络和广域网络

　　C．远程网络和广域网络　　　　　　D．局域网络和以太网络

42. 电子信箱地址的格式是（　　　　）。

　　A. 用户名@邮件服务器域名　　　　　　B. 邮件服务器@用户名

　　C. 用户名、邮件服务器域名　　　　　　D. 邮件服务器域名、用户名

43. 电子邮件地址由用户名、@和（　　　　）组成。

　　A. 网络服务器名　　　　　　　　　　　B. 邮件服务器域名

　　C. 本地服务器名　　　　　　　　　　　D. 邮件名

44. 网络协议是计算机通信中的（　　　　）。

　　A. 硬件　　　　　　　　　　　　　　　B. 既可算硬件，也可算软件

　　C. 软件　　　　　　　　　　　　　　　D. 一种事先约定好的规则

45. 在 Internet 上，为每个网络和上网的主机都分配一个唯一的地址，这个地址称为（　　　　）。

　　A. WWW 地址　　　B. DNS 地址　　　C. IP 地址　　　　　　D. TCP 地址

46. 计算机网络能够提供共享的资源有（　　　　）。

　　A. 硬件资源和软件资源　　　　　　　　B. 软件资源和数据资源

　　C. 数据资源　　　　　　　　　　　　　D. 硬件资源、软件资源和数据资源

47. （　　　　）应用软件可以实现网上实时交流。

　　A. 电子邮件　　　B. 网络新闻组　　　C. FTP　　　　　　　D. QQ

48. 计算机网络中实现互联的计算机本身（　　　　）。

　　A. 可以是仅有键盘和显示器的终端　　B. 可以互相制约的运行

　　C. 可以独立的运行　　　　　　　　　　D. 可以串行的运行

49. 按照网络规模大小定义计算机网络，其中（　　　　）的规模最小。

　　A. 因特网　　　　B. 广域网　　　　　C. 城域网　　　　　　D. 局域网

50. 在计算机网络中，网络结构主要采用（　　　　）和通信子网组成的两级结构。

　　A. 服务器　　　　B. 客户端　　　　　C. 资源子网　　　　　D. 主机

51. 在一个企事业单位内构建的一个计算机网络系统，属于（　　　　）。

　　A. LAN　　　　　B. WAN　　　　　　C. Internet　　　　　D. MAN

52. 最早出现的计算机网络是（　　　　）。

　　A. Arpanet　　　B. bitnent　　　　　C. Internet　　　　　D. Ethernet

53. www.163.com 是 Internet 上的一个网站的（　　　　）。

　　A. IP 地址　　　　B. 域名　　　　　　C. 网站代号　　　　　D. 网络协议

54. 以下各项中（　　　　）不是 Internet 的功能。

　　A. 全球信息　　　B. 电子邮件　　　　C. 网上邻居　　　　　D. 电子公告牌

55. Internet 网络协议的基础是（　　　　）。

　　A. Windows 7　　B. Netware　　　　C. TPX/SPX　　　　　D. TCP/TP

56. 目前 Internet 提供信息查询的最主要的方式（　　　　）。

　　A. Telenet 服务　　B. FTP 服务　　　C. WWW 服务　　　　D. E-mail 服务

57. 关于杀毒软件的说法正确的是（　　　　）。

　　A. 可杜绝病毒的危害

　　B. 只能检测到已知的病毒并清除它们

C. 可检查并清除计算机中所有的病毒

D. 在清除病毒时，会对正常文件产生一定的损坏

58. 计算机病毒是指（　　）的计算机程序。

A. 编制有错误　　　　　　　　　　B. 设计不完善

C. 已被破坏　　　　　　　　　　　D. 以危害系统为目的的特殊

59. 通常所说的计算机病毒是（　　）。

A. 特制的具有破坏性的程序　　　　B. 细菌感染

C. 生物病毒感染　　　　　　　　　D. 被损坏的程序

60. 计算机病毒具有（　　）。

A. 传染性、潜伏性、破坏性　　　　B. 传染性、破坏性、易读性

C. 潜伏性、破坏性、易读性　　　　D. 传染性、潜伏性、安全性

61. 下列叙述中，正确的说法是（　　）。

A. 造成计算机不能正常工作的原因，若不是硬件故障就是计算机病毒

B. 发现计算机有病毒时，只要换上一张新软盘就可以放心操作

C. 计算机病毒是由于硬件配置不完善造成的

D. 计算机病毒是人为制造的程序

62. 下面列出的计算机病毒传播途径，不正确的是（　　）。

A. 使用来路不明的软件　　　　　　B. 通过借用他人的 U 盘

C. 机器使用时间过长　　　　　　　D. 通过网络传输

63. 目前使用的各种防杀病毒软件的主要功能是（　　）。

A. 检查计算机是否感染病毒，消除已感染的任何病毒

B. 查出已感染的任何病毒，消除部分已感染病毒

C. 检查计算机是否感染病毒，消除部分易感染病毒

D. 杜绝病毒对计算机的侵害

64. 为防止计算机被病毒侵扰，以下（　　）不符合计算机安全操作。

A. 随时留意在网上下载的文档

B. 在计算机上安装防火墙和杀毒软件

C. 带有.exe 和.com 扩展名的文件是安全的，可以随时打开

D. 不要向任何人通过邮件透露你的银行账户密码

65. 下列选项中不属于网络益处的是（　　）。

A. 文件和照片可以用电子邮件或传真的形式在很短的时间内发给客户

B. 世界各地的人都能够通过即时通信、电子邮件等方式随时交流

C. 设计师成为辅助教学精确化和高效化的重要工具

D. 网络提供的信息都是真实、快捷和即时的

66. 无线路由器的 WAN 口一般连接（　　）。

A. 计算机　　　B. 外网设备　　　C. 电话　　　　D. 内网设备

67. 使用内网地址的计算机如果实现访问 Internet，需要完成的操作是（　　）。

A. NAT　　　　B. DNS　　　　　C. 拨号　　　　D. ftp

68. 下面属于网页浏览器的软件是（　　　　）。

    A．Google   B．Outlook Express   C．Internet Explorer D．Office

69. 下面（　　　　）选项不是 Web 浏览器。

    A．Linux   B．Internet Explorer

    C．Netscape Navigator   D．Opera

70. 浏览器用户最近刚刚访问过的若干 Web 站点及其他 Internet 文件的列表称作（　　　　）。

    A．地址簿   B．历史记录   C．收藏夹   D．以上三项都不对

71. 在"百度图片"中搜索图片，默认搜索到的图片格式是（　　　　）。

    A．.JPEG   B．.TIF   C．.BMP   D．以上所有格式

72. 以下（　　　　）通信方式，提供给的历史记录最为精确。

    A．短信   B．电子邮件   C．即时消息   D．博客

73. （　　　　）电子邮件功能可在新撰写的电子邮件底部自动包含预先写好的文本。

    A．回复   B．全部回复   C．签名   D．转发

74. 用户在发送电子邮件时，如果希望某位接收者的邮件地址不能被其他接收者看到，应当执行（　　　　）操作。

    A．回复   B．全部回复   C．密件抄送   D．抄送

75. 你的朋友所发来的邮件有时会被邮箱作为垃圾邮件处理，为了避免这种情况，应当（　　　　）操作。

    A．将邮件地址添加到白名单   B．将邮件地址添加到黑名单

    C．将邮箱的安全等级设置为最低   D．将邮箱的安全等级设置为最高

76. Intranet 属于（　　　　）。

    A．企业内部网   B．广域网   C．电脑软件   D．国际性组织

77. 电子邮件地址中没有（　　　　）。

    A．用户名   B．邮箱的主机域名

    C．用户密码   D．@

78. 拥有计算机并以拨号方式接入网络的用户需要使用（　　　　）。

    A．CD-ROM   B．鼠标

    C．浏览器软件   D．Modem

79. Internet Explorer 是（　　　　）。

    A．Internet 安装向导   B．Internet 信箱管理器

    C．Internet 的浏览器   D．用来建立拨号网络

80. 计算机网络是（　　　　）相结合的产物。

    A．计算机技术与通信技术   B．计算机技术与信息技术

    C．计算机技术与通信技术   D．信息技术与通信技术

二、填空题

1. 计算机通信网产生的主要条件是计算机技术与_____的结合。

2. 在 Internet 上用_____进行文件传输，它是最早用于传输文件的一种通信协议。

3．与网站和 Web 页面密切相关的一个概念称"统一资源定位器"，它的英文缩写是_____。

4．Internet 上主机域名与 IP 地址的关系是_____。

5．FTP 的含义是_____。

6．每个 IP 地址有_____个二进制位。

7．一个 IP 地址由_____和_____两部分。

8．一般来说，用户上网要通过 Internet 服务提供商，其英文缩写是_____。

9．目前 WWW 环境中使用最多的浏览器是_____。

10．调制解调器的英文名是_____。

11．利用电话线接入 Internet 需具备_____、_____、_____。

12．利用 OLE 技术，可以在文本中加入图片、声音及其他一些对象，从而形成一个_____文档。

13．在计算机网络中，LAN 是指_____。

14．万维网中的每一个网页都有提个独立的地址，这些地址称为_____。

15．按照网络覆盖的地理范围的大小，计算机网络可分为局域网、城域网和_____。

16．Internet 上最基本的通信协议是_____协议。

17．电子信箱地址的格式为_____@邮件服务器域名。

18．文件传输协议的英文缩写是_____。

19．互联网上 WWW 的英文全称是_____。

20．计算机网络可分为两层：有通信设备和线路构成的通信子网，以及由主机构成的_____子网。

21．计算机网络最核心的功能是_____。

22．HTTP 是指_____。

23．IP 地址由_____和_____组成，共_____位二进制。

24．Internet 中专门用于搜索的软件称为_____。

25．ADSL 的中文名称是_____。

26．常见网络互连设备有_____、_____、_____和中继器。

27．计算机网络中常见的有线传输介质有双绞线、_____和_____。

28．由于计算机网络的脆弱性，使其面临许多自然的和人为的威胁，其中人为的威胁又分为_____和_____。

29．国内几种著名的反病毒软件有_____、_____、_____等。

30．计算机病毒是_____。

31．计算机病毒的特点是_____、_____、_____、_____和_____。

32．计算机的病毒分类有_____和_____。

33．计算机病毒传播的途径有_____和_____。

34．计算机病毒的防治可以从_____、_____和_____三个层次来进行。

35. 网络安全的基本目标就是要实现信息的_____、_____、_____和_____。

36. 网络安全是一个涉及面很广的系统问题。要想达到安全的目的，必须同时从_____、_____和_____三个层次上采取有效的措施。

37. TCP/IP 协议的含义是_____，TCP 和 IP 是最重要的两个协议，IP 的作用是_____，TCP 的作用为_____。

38. 计算机网络的主要目标是_____和_____。

39. 计算机网络系统中的资源包括_____资源、_____资源和_____资源。

40. 按照网络拓扑结构，计算机网络分为_____、_____、_____、_____和_____。

41. 在计算机网络中，为使计算机之间能准确地传送消息，必须有一定的约定或规则，这些规则就是_____。

42. 在网络通信中，实现数字信号与模拟信号相互转换的设备是_____。

43. 若想成为 Internet 用户，就必须找一家能提供 Internet 服务的公司，它的英文缩写是_____。

44. 同时发送邮件给多个接收者时，在地址栏中，可输入多个地址，每个用分号或者_____隔开（注意是西文符号）。若一行写不下，则可按_____键进入下一行继续输入。

45. _____系统，也称 BBS，是 Internet 提供的一种网上社区服务系统。

46. 一个完整的 URL 可以包括_____、域名或 IP 地址、资源存放路径、_____等内容。

47. 电子邮箱地址中，用户账号（又称用户名）与服务器域名之间用_____隔开。

48. 电子邮件服务器分邮件接收服务器和邮件发送服务器两种，其中电子邮件服务器与用户计算机之间的协议是_____，邮件服务器之间的协议是_____。

49. Intranet 属于一种_____。

50. 在计算机网络中，通常把提供并管理共享资源的计算机称为_____。

51. 在客户端配置 TCP/IP 协议，主要对_____、_____、_____、_____等 IP 地址进行设置。

52. 在 Windows 7 中，既能查看和复制共享文件夹中的内容，又能在其中添加内容，这种共享通常称为_____，如果无法修改共享文件夹中的内容，这种共享称为_____。

53. 电子邮件又称_____，通过_____传递的邮件。

54. 用于局域网的基本网络连接设备是_____。

55. 在网络上要同时搜索多台计算机，各计算机名之间的间隔符是_____。

56. 目前网络传输介质中传输速率最高的是_____。

57. 搜索引擎所搜索的信息通常放在_____。

58. IPv6 将 32 地址空间扩展到_____。

59. OSI 参考模型的最底层是_____。

60. 使用 QQ 聊天，首先需要_____，然后_____。

三、判断题

1．（　　）在 Internet Explorer 中，"搜索"按钮指的是搜索当前正在浏览的网页上的内容。

2．（　　）主页是 IE 浏览器每次启动时最先打开的起始页，有三种设置方法，"使用当前页""使用默认页""使用空白页"。

3．（　　）一台计算机，无论它在网络中扮演何种角色，都必须配备一块网卡。

4．（　　）资源共享就是网络上的计算机不可以使用自身的资源，可以共享网络上其他计算机系统的资源。

5．（　　）个人计算机申请了账号并以拨号方式接入 Internet 网后，该机没有自己的 IP 地址。

6．（　　）域名网址 www.sina.com 中，www 成为顶级域名。

7．（　　）使用 E-mail 可以同时把一封信发给多个接收人。

8．（　　）从 http://www.jnu.edu.cn 可以看出，它是中国的一个教育部门站点。

9．（　　）在电子邮件中所包含的信息只能是文字与图形信息。

10．（　　）网上黑客，指的是在网上私闯他人计算机系统的人。

11．（　　）Outlook Express 是邮件专用软件。

12．（　　）网卡的基本功能是数据转换，通信服务和数据共享。

13．（　　）用户想在网上查询 www 信息必须安装并运行一个被称为搜索引擎的软件。

14．（　　）在网址 http://www.sohu.com 中，http 表示超文本传输协议。

15．（　　）WWW 的中文名称是浏览器。

16．（　　）计算机只要安装了防毒、杀毒软件，上网浏览就不会感染病毒。

17．（　　）只要不在计算机上玩游戏，就不会受到计算机病毒的威胁。

18．（　　）网络是将两台或两台以上的计算机连接在一起，其目的是共享资源和信息。

19．（　　）为了顺利地利用电话网络进行沟通，需要知道其他人的号码，而且还需要说同一种语言。

20．（　　）10 Mbit/s 和 10 MB/s 是一样的。

21．（　　）计算机必须有合法的 IP 地址才可以访问网络。

22．（　　）在地址栏中可以输入用户想要访问的网站的地址。

23．（　　）通常，当鼠标指针移动到某个"超链接"时，鼠标指针一般会变为手型，此时单击，便可激活连接并打开另一网页。

24．（　　）进行精确搜索需要为关键词加上单引号符号。

25．（　　）WWW 服务软件与 WWW 浏览器是配合使用的，WWW 服务软件安装在客户机上，WWW 浏览器安装在服务器端。

26．（　　）IE 的临时文件夹中的文件一旦重新启动计算机就会自动删除。

27．（　　）WWW 是一种基于超文本方式的信息查询工具，可在 Internet 网上组织和呈现相关的信息和图像。

28．（　　）利用 WWW 技术浏览网络信息，必须在操作系统中安装网络浏览器。

29. （　　　　）调制是将计算机输出的数字信号转变成一串不同频率的模拟信号，通过电话线传输出去。

30. （　　　　）用户只要与 Internet 连接，就可以发送电子邮件。

四、简答题

1. Internet 的主要内容有哪些？

2. 什么是计算机网络？计算机网络的主要功能有哪些？

3. 简述计算机网络的分类及其特点。

4. 计算机网络的拓扑结构指什么？列举其主要结构类型。

5. 什么是计算机服务？互联网提供的主要服务有哪些？

6. 简述接入 Internet 的方式有哪些，分别画出示意图。

7. 网络中的每台计算机为什么都必须有一个与其他计算机名不同的网络标识？

8. 常见的搜索引擎有哪些？

9. 计算机病毒的主要特点是什么？

10. 预防计算机病毒感染的措施有哪些？

第**3**部分

Office 2010 办公软件
操作技巧

第1章

Word 2010 文字处理

任务 1 录入技巧

1. 叠字轻松输入

在汉字中经常遇到重叠字,如"爸爸""妈妈""欢欢喜喜"等。在 Word 中输入时除了利用输入法自带的功能快速输入外,还提供了一个这样的功能:只需通过【Alt+Enter】组合键便可轻松输入,如在输入"爸"字后,按【Alt+Enter】组合键便可再输入一个"爸"字。

2. 快速输入省略号

在 Word 中输入省略号时经常采用单击【插入】选项卡中的【符号】按钮的方法。其实,只要按【Ctrl+Alt+.】组合键便可快速输入省略号,并且在不同的输入法下都可采用这个方法快速输入。

3. 快速输入汉语拼音

当需要输入较多的汉语拼音时,可采用另外一种更简捷的方法。先选中要添加注音的汉字,再单击【开始】选项卡【字体】组中的【拼音指南】按钮,在【拼音指南】对话框中单击【组合】按钮,则将拼音文字复制粘贴到正文中,同时还可删除不需要的基准文字。

4. 开始输入当前日期

在 Word 中进行录入时常遇到输入日期的情况,在输入当前日期时,只需单击【插入】选项卡【文本】组中的【日期和时间】按钮,从【日期和时间】对话框中选择需要的日期格式后,单击【确定】按钮即可。

5. 轻松输入漂亮符号

在 Word 中常会看到一些漂亮的图形符号,如"☎""✌""☞"等,同时这些符号也不是由图形粘贴得到的。在 Word 中有几种自带的字体可以产生这些漂亮、实用的图形符号。在需要产生这些符号的位置上,先把字体更改为"Wingding""Wingdings 2"或"Wingdings 3"及其相关字体,然后试着在键盘上敲击键符,如"7""9""a"等,便出现这些图形符号。如把字体改为"Wingdings"再在键盘上按【d】键,便会产生一个"♍"图形(注意区分大小写,大写得到的图形与小写得到的图形不同)。

6. 巧输频繁词

在 Word 中可以利用两种功能来完成频繁词的输入。

（1）利用 Word 的"自动图文集"功能，具体方法如下：

① 建立高频率使用词。如"四川省成都市科源有限公司"为这篇文章中的一个高频率出现词，则先选中该词，然后单击【插入】选项卡【文本】组中的【文档部件】下拉列表中的【自动图文集】→【将所选内容保存到自动图文集库】按钮，弹出【新建构建基块】对话框；然后输入该自动图文集词条的名称（可根据实际的词语名称简写，如"ky"），完成后单击【确定】按钮（一般情况下，【自动图文集】按钮未显示在窗口工具栏中，需要通过自定义方式将其添加到自定义快速访问工具栏中）。

② 在文件中使用建立的高频率词。每次在要输入该类词语时，只要单击【自动图文集】按钮，然后从列表中选择要输入的词汇即可。

（2）采用 Word 的替换功能，首先对于这个频繁出现的词在输入时可以一个特殊的符号代替，如采用"ky"（双引号不用输入），完成后再单击【开始】选项卡【编辑】组中的【替换】按钮（或直接利用【Ctrl+H】组合键），在弹出的【查找和替换】对话框中输入查找内容"ky"及替换内容"四川省成都市科源有限公司"，最后单击【全部替换】按钮即可快速完成这个词组的替换输入。

7. 英文大小写快速切换

在对文件录入时，在文件中出现大、小写的英文字母时常需进行切换。而若对已输入的英文词组需进行全部大写或小写变换时，可以先选中需要更改大小写设置的文字，然后重复按【Shift+F3】组合键即可在"全部大写""全部小写"和"首字母大写、其他字母小写"3 种方式下进行切换。

8. 用鼠标实现即点即输

在 Word 中编辑文件时，有时要在文件的最后几行输入内容，通常都是采用多按几次【Enter】或空格键的方法，才能将输入光标点移至目标位置。除此之外，还可通过双击来实现。具体操作如下：选择【文件】→【选项】命令，弹出【Word 选项】对话框，在【高级】列表框的【编辑选项】组中，选中【启用'即点即输'】复选框，即可实现在文件的空白区域通过双击来定位输入光标点。

9. 上下标在字符后同时出现的输入技巧

有时想同时为一个前导字符输入上、下标，如 S_{10}^n（n 为上标、10 为下标），利用"双行合一"功能即可解决。先输入"Sn10"，然后选中"n10"，再单击【开始】选项卡【段落】组中的【中文版式】按钮，从下拉列表中单击【双行合一】按钮，弹出【双行合一】对话框；在 n 与10 之间加入一个空格，从"预览"窗口观察一下，符合要求后单击【确定】按钮即可。

10. 快速输入大写数字

由于工作需要，经常要输入一些大写的金额数字（特别是财务人员），但由于大写数字笔画大都比较复杂，无论是五笔字型还是拼音输入法输入都比较麻烦。利用 Word 2010 可以巧妙地完成，首先输入小写数字如"123456"，选中该数字后，单击【插入】选项卡【符号】组中的【编号】按钮，弹出【编号】对话框，选择"壹，贰，叁…"选项，单击【确定】按钮即可。

任务 2 编 辑 技 巧

1. 同时保存所有打开的 Word 文档

有时在同时编辑多个 Word 文档时，每个文件都要逐一保存，既费时又费力。右击【文件】上方的快速访问工具栏，在弹出的快捷菜单中选择【自定义快速访问工具栏】命令，弹出【Word 选项】对话框。在【从下列位置选择命令】框中，选择【不在功能区中的命令】选项，通过自定义添加【全部保存】选项，并单击【添加】按钮将其添加到快速访问工具栏中，再单击【确定】按钮返回，此时，【全部保存】按钮便出现在快速访问工具栏。单击【全部保存】按钮，即可一次性保存所有文件。

2. 清除 Word 文档中多余的空行

可以用 Word 自带的替换功能来进行处理。在 Word 中，单击【开始】选项卡【编辑】组中的【替换】按钮，在弹出的【查找和替换】对话框中，单击【更多】按钮，将光标移动到"查找内容"文本框中，然后单击【特殊格式】按钮，选择【段落标记】，这时会看到"^p"替换为"^p^p"，然后单击【全部替换】按钮，若还有空行则反复执行【全部替换】操作，多余的空行就不见了。

3. 巧妙设置文档保护

单击【开发工具】选项卡【保护】组中的【保护文档】→【限制编辑】按钮，弹出【限制格式和编辑】任务窗格，选中【限制对选定的样式设置格式】和【仅允许在文档中进行此类型的编辑】复选框，然后选中【不允许任何更改（只读）】，单击【是，启动强制保护】按钮，设置密码。再次使用计算机时，单击【停止保护】按钮即可。

4. 取消"自作聪明"的超链接

当在 Word 文档中输入网址或信箱时，Word 会自动转换为超链接。如果不小心在网址上单击，就会启动 IE 进入超链接。如果不需要这样的功能，则可以取消。

（1）选择【文件】→【选项】命令，弹出【Word 选项】对话框。

（2）选择【校对】选项后，在【自动更正选项】组中单击【自动更正选项】按钮，弹出【自动更正】对话框。

（3）选择【键入时自动套用格式】选项卡，取消选中【Internet 及网络路径替换为超链接】复选框；再选择【自动套用格式】选项卡，取消选中【Internet 及网络路径替换为超链接】复选框；然后单击【确定】按钮。这样，以后再输入网址后，就不会转变为超链接。

5. 关闭拼写错误标记

在编辑 Word 文档时，经常遇到许多绿色的波浪线，怎么取消？Word 2010 中有个拼写和语法检查功能，通过它用户可以对输入的文字进行实时检查。系统是采用标准语法检查的，因而在编辑文档时，对一些常用语言或网络语言会产生红色或绿色的波浪线，有时这会影响用户的工作。也可将它隐藏，待编辑完成后再进行检查，方法如下：

（1）右击状态栏上的【拼写和语法检查】图标，从弹出的快捷菜单中取消选中【拼写和语法检查】复选框后，错误标记便会立即消失。

（2）如果要进行更详细的设定，可选择【文件】→【选项】命令，弹出【Word 选项】对话框；从列表中选择【校对】选项后，对【拼写和语法】进行详细的设置，如拼写和语法检查的方式、自定义词典等项。

6. 巧设 Word 启动后的默认文件夹

Word 启动后，默认打开的文件夹总是"我的文档"。通过设置，可以自定义 Word 启动后的默认文件夹，步骤如下：

（1）选择【文件】→【选项】命令，弹出【Word 选项】对话框。

（2）在该对话框中，选择列表中的【保存】选项后，找到【保存文档】组中的【默认文件位置】。

（3）单击【浏览】按钮，弹出【修改位置】对话框，在【查找范围】下拉列表中选择希望设置为默认文件夹的文件夹，并单击【确定】按钮。

（4）单击【确定】按钮，此后 Word 的默认文件夹就是用户自己设定的文件夹。

7.【Shift】键在文档编辑中的妙用

（1）【Shift+Delete】组合键=剪切。当选中一段文字后，按住【Shift】键并按住【Delete】键就相当于执行【剪切】操作，所选的文字就会被直接复制到剪贴板中，非常方便。

（2）【Shift+Insert】组合键=粘贴。在光标处按住【Shift】键并按住【Insert】键就相当于执行【粘贴】操作，保存在剪贴板中的最新内容会被直接粘贴到当前光标处。

（3）【Shift】键+鼠标=准确选择大块文字。有时可能经常要选择大段的文字，通常的方法是直接使用鼠标拖动选取，但这种方法一般只对小段文字方便。如果想选取一些跨页的大段文字，很难把握鼠标的行进速度。在要选择文字的开头单击，然后按住【Shift】键，再单击要选取文字的末尾，两次单击之间的所有文字就会马上被选中。

8. 粘贴网页内容

在 Word 中粘贴网页，先在网页中选取复制的内容，然后切换到 Word 文档，单击【粘贴】按钮，网页中的所选内容就会原样复制到 Word 文档中。这时在复制内容的右下角会出现一个【粘贴选项】按钮，单击该按钮右侧的下拉按钮，弹出一个下拉列表，单击【仅保留文本】按钮即可。

任务 3 排 版 技 巧

1. 文字旋转轻松做

在 Word 中可以通过【文字方向】按钮改变文字的方向，但也可以用以下简捷的方法来做。选中要设置的文字内容，只要把字体设置成"@字体"即可，如"@字体"或"@黑体"，即可使这些文字逆时针旋转 90°。

2. 去除页眉横线方法两则

在页眉插入信息时经常会在下面出现一条横线，如果这条横线影响视觉效果，这时可以采用下述两种方法去掉：

（1）选中页眉的内容后，单击【开始】选项卡【段落】组中的【边框】→【边框和底纹】按钮，弹出【边框和底纹】对话框，将【边框】选项设为"无"，在【应用于】下拉列表中选择【段落】，单击【确定】按钮。

（2）当设定好页眉的文字后，将鼠标指针移向【样式】框，在【样式】下拉列表中把样式改为【页脚】、【正文样式】或【清除格式】即可。

3．让 Word 文档"原文重现"

如果在 Word 2010 中使用了特殊字体，在转寄给别人时，如果对方的计算机中未安装该字体，则根本看不到文件内的特殊字体或者出现错误提示。此时最好的解决办法就是使用字体嵌入功能。选择【文件】→【选项】命令，在【Word 选项】对话框中选择【保存】选项，选中【将字体嵌入文件】复选框，最后单击【确定】按钮即可。

4．让页号从"1"开始

在用 Word 2010 文档排版时，对于既有封面又有页码的文档，用户一般会在【页面设置】对话框中选择【版式】选项卡下的【首页不同】选项，以保证封面不会打印上页码。但是有一个问题：在默认情况下，页码是从第 2 页开始显示的。如何才能让页码从第 1 页开始呢？方法很简单，在【页眉和页脚】工具栏中单击【设置页码格式】按钮，在【页码格式】对话框在将【起始页码】设为【0】即可。

5．在 Word 中简单设置上下标

首先选中需要做上标的文字，然后按【Ctrl+Shift+ +】组合键即可将文字设置为上标，再按一次又恢复到原始状态；按【Ctrl+ +】组合键可以将文字设置为下标，再按一次也恢复到原始状态。

6．制作水印

Word 2010 有添加文字和图片两种类型的水印的功能，而且能够随意设置大小、位置等。

（1）单击【页面布局】选项卡【页面背景】组中的【水印】→【自定义水印】按钮，弹出【水印】对话框。

（2）在该对话框中选择【文字水印】选项，然后在【文字】文本框选择或输入合适的内容。若在【水印】对话框中选择【图片水印】选项，则需要找到作为水印图案的图片。

（3）单击【确定】按钮，水印就会出现在文字后面。

任务 4 图 片 技 巧

1．画直线的技巧

如果想画水平、垂直或 30°、45°、75° 角的直线，则固定一个端点后在拖动鼠标时按住【Shift】键，上下拖动，将会出现上述几种直线类型，合适后松开【Shift】键即可。

画极短直线（标轴上的刻度线段）的方法如下：先单击【矩形工具】，拖动鼠标画出矩形后，右击该矩形，从弹出的快捷菜单中选择【设置自选图形格式】命令，在【设置自选图形格式】对话框中将【高度】设置为【0 厘米】、【宽度】设置为【0.1 厘米】。

2．【Ctrl】键在绘图中的作用

【Ctrl】键可以在绘图时发挥巨大的作用。在拖动绘图工具的同时按住【Ctrl】键，所绘制的图形是用户画出的图形对角线的 2 倍；在调整所绘制图形大小的同时按住【Ctrl】键，可使图形在编辑中心不变的情况下进行缩放。

3．可使显示文档中的图片

如果一篇 Word 文档中有多张图片，打开后显示会很慢。但打开文档时，单击【打印预览

和打印】按钮，图片就会立刻清晰地显示出来，然后关闭【打印预览】窗口，所有插入的图片都会快速地显示出来。

4. 巧存 Word 文档中的图片

有时看到一篇图文并茂的 Word 文档，想把文档中的所有图片保存到计算机中，可以按照下面的方法实现：打开该文档，选择【文件】→【另存为】命令，弹出【另存为】对话框，指定一个新的文件名，选择保存类型为【网页】，单击【保存】按钮，这时会发现在保存的目录下多了一个和 Web 文件名一样的文件夹。打开该文件夹，就会惊喜地发现，Word 文档中的所有图片都在这个目录中保存着。

5. 快速将网页中的图片插入 Word 文档中

在编辑 Word 文档时，需要将一张网页中正在显示的图片插入文档中，一般的方法是把网页另存为"Web 页，全部（*.htm；*.html）"格式，然后单击【插入】选项卡【插图】组中的【图片】按钮，把图片插入文档中。这种方法虽然可行，但操作有些麻烦。有一种简易可行的方法：将 Word 的窗口调小一些，使 Word 窗口和网页窗口并列在屏幕上，然后在网页中单击需要插入 Word 文档中的那幅图片，把它拖动至 Word 文档中，释放鼠标，此时图片已经插入 Word 文档中。需要注意的是，此方法只适合没有链接的 JPG、GIF 格式图片。

6. 快速排列图形

如果想在一篇文档中使图形获得满意的效果，比如将几个图形排列得非常整齐，可能需要费一番工夫，但是用下面的方法能够非常容易地完成这项任务。

首先通过按【Shift】键并依次单击想对齐的每一个图形来选中它们，然后单击【绘图工具】|【格式】选项卡【排列】组中的【对齐】下拉按钮，再从下拉列表中选择相应的对齐或分布的方法即可。

任务 5 表 格 技 巧

1. 精确调整表格

按住【Alt】键不放，然后用鼠标调整表格的边线，表格的标尺就会发生变化，精确到 0.01 cm，精确度明显提高。

2.【Ctrl】和【Shift】键在表格中的妙用

通常情况下，拖动表格可调整相邻的两列之间的列宽。按住【Ctrl】键的同时拖动表格线，表格列宽将改变，增加或减少的列宽由其右方的列共同分享或分担；按住【Shift】键的同时拖动，只改变该表格线左方的列宽，其右方的列宽不变。

3. 将 Word 表格巧妙转换为 Excel 表格

打开带表格的 Word 文件，先将光标放在表格的任一单元格中，在整个表格的左上角会出现 ✣ 标志。把光标移到上面再次单击，整个表格的内容会变黑表示全部选中，右击，从快捷菜单中选择【复制】命令。然后打开 Excel，再右击，从快捷菜单中选择【选择性粘贴】命令，在弹出的【选择性粘贴】对话框中有 6 项菜单可选，选择【文本】并单击【确定】按钮即可。

4. Word 也能"自动求和"

在 Excel 工作表中，很多用户对常用工具栏中的【自动求和】按钮情有独钟。其实，在 Word

2010 的表格中，也可以使用【自动求和】按钮。其方法如下：

（1）选择【文件】→【选项】命令，弹出【Word 选项】对话框。

（2）选择【自定义功能区】选项，在右侧选择【所有命令】后的【Σ 求和】选项，单击【添加】按钮。

（3）单击【确定】按钮后关闭【Word 选项】对话框。

现在，把插入点置于存放数值的单元格之中，单击自定义快速访问工具栏中的【自动求和】按钮，则 Word 将计算并显示插入点所在的上方单元格中或左方单元格中数值的总和。但是，当上方和左方都有数据时，优先上方求和。

5. 锁定 Word 表格标题栏

Word 2010 提供给用户一个可以用来拆分编辑窗口的"分割条"，位于垂直滚动条的顶端。要使表格顶部的标题栏始终处于可见状态，可将鼠标指针指向垂直滚动条顶端的"分割条"，当鼠标指针变为分割指针（双箭头）后，将"分割条"向下拖至所需的位置。释放左键，此时，Word 编辑窗口被拆分为上下两部分，这就是两个"窗格"。在下面的"窗格"任一处单击，即可对表格进行编辑操作，而不用担心上面窗格中的表格标题栏会移出屏幕可视范围之外。要将一分为二的两个"窗格"还原成一个窗口，双击"分割条"即可。

6. 让文字随表格自动变化

用 Word 2010 制作出来的表格，能否让表格中的文字根据表格自身的大小自动调节字体的大小，以适应表格的要求？方法很简单：单击【表格工具】|【布局】选项卡【表】组中的【属性】按钮，在弹出的【表格属性】对话框中选择【单元格】选项卡，单击【选项】按钮，在弹出的【单元格选项】对话框中选中【适应文字】复选框。

7. 在 Word 中快速计算

用 Word 2010 进行文字编辑时，有时可能需要对文中的一些数据进行运算，或者核对算式中的结果是否正确。具体做法是：将光标插入点移到文档中需要插入计算结果的地方后，单击【表格工具】|【布局】选项卡【数据】组中的【公式】按钮，弹出"公式"对话框，在该对话框中的"="后面输入要计算的算式，然后单击【确定】按钮。

8. 在 Word 表格中快速复制公式

在 Excel 中通过填充柄或粘贴公式可快速复制公式，而 Word 中没有此项功能，但是在用 Word 2010 制表时也经常要复制公式，这时可用下面两种方法实现公式的快速复制。

在制表时，选择【插入】选项卡【表格】组【表格】下拉按钮，从下拉列表中单击【Excel 电子表格】按钮，将 Excel 表格嵌入 Word 中，这样表格就可利用填充柄和粘贴公式进行公式复制了，计算非常方便。

对某单元格进行公式计算后，不要进行任何操作，立即进入需要复制公式的单元格并按【F4】键即可。

9. 在表格顶端加空行

要在表格顶端加一个非表格的空白行，可以使用【Ctrl+Shift+Enter】组合键，通过拆分表格来完成。但当表格位于文档的最顶端时，有一个更为简捷的方法，就是先把插入点移到表格的第一行第一个单元格的前面，然后按【Enter】键，此时即可添加一个空白行。

任务6　长文档编辑技巧

1. 编辑长文档更轻松

在使用 Word 编辑长文档时，有时需要将文档开始处的内容复制到文档末尾，但通过拖动滚动条来移动非常麻烦，有时还会出错。其实只要将鼠标指针移动到垂直滚动条上的"分割条"位置，鼠标指针变成双箭头时，按住鼠标左键向下拖动，文档编辑区域就会被一分为二。在上面的编辑区找到文章开头的内容，在下面的编辑区找到需要粘贴的位置，即可复制内容，而不必来回切换。这种方法特别适合复制相距很远且复制次数较多的内容。

2. 在 Word 中同时编辑文档的不同部分

一篇长文档在显示器屏幕上不能同时显示出来，但有时因实际需要又要同时编辑同一文档中相距较远的几部分。首先打开需要显示和编辑的文档，如果文档窗口处于最大化状态，就要单击文档窗口中的【还原】按钮，然后单击【视图】选项卡【窗口】组中的【新建窗口】按钮，屏幕上立即会产生一个新窗口，显示的也是这篇文档，这时就可以通过窗口切换和窗口滚动操作，使不同的窗口显示同一文档的不同位置中的内容，以便阅读和编辑修改。

3. Word 2010 文档目录巧提取

在编辑完成有若干章节的一篇 Word 2010 文档后，如果需要在文档的开始处加上章节的目录，该怎么办？如果对文档中的章节标题应用了相同的格式，比如定义的格式是黑体、二号字，那么有一个提取章节标题的简单方法。

（1）单击【开始】选项卡【编辑】组中的【查找】按钮，弹出【查找和替换】对话框。

（2）将光标定位在【查找内容】框，单击【格式】按钮，从列表中执行【字体】命令，在弹出的对话框中选择"黑体"，"二号"，单击【确定】按钮。

（3）单击"阅读突出显示"按钮。

此时，Word 2010 将查找所有指定格式的内容，对该例而言就是所有具有相同格式的章节标题。然后选中所有突出显示的内容，这时就可以使用【复制】命令来提取它们，然后使用【粘贴】命令把它们插入文档的开始处。

4. 在页眉中显示章编号及章标题内容

要想在 Word 文档中实现在页眉中显示该页所在章的章编号及章标题内容的功能，首先必须在文档中对章标题使用统一的章标题样式，并且对章标题使用多级符号进行自动编号，然后按照如下方法进行操作：

（1）将视图切换至【页眉和页脚】视图方式。

（2）单击【插入】选项卡【文本】组中的【文档部件】按钮，从下拉列表中单击【域】按钮，弹出【域】对话框，从【类别】列表框中选择【链接和引用】选项，然后从【域名】列表框中选择【StyleRef】域。

（3）单击"域代码"按钮，再单击"选项"按钮，弹出"域选项"对话框，选择"域专用开关"选项卡，从"开关"列表框中选择【\n】开关，单击【添加到域】按钮，将开关选项添加到【域代码】框中。

（4）选择"样式"选项卡，从"名称"列表框中找到章标题所使用的样式名称，如"标题1"样式名称，然后单击【添加到域】按钮。

（5）单击【确定】按钮将设置的域插入页眉中，这时可以看到页眉中自动出现了该页所在章的章编号及章标题内容。

5. 在长文档中快速漫游

选中【视图】选项卡【显示】组中的【导航窗格】复选框，然后单击导航窗格中要跳转的标题即可至文档中相应位置。导航窗格将在一个单独的窗格中显示文档标题，用户可通过文档结构图在整个文档中快速漫游并追踪特定位置。在导航窗格中，可选择显示的内容级别，调整文档结构图的大小。若标题太长，超出文档结构图宽度，不必调整窗口大小，只需将鼠标指针在标题上稍作停留，即可看到整个标题。

6. 让分节符现形

插入分节符之后，默认情况下，在最常用的"页面"视图模式下是看不到分节符的。这时，可以单击【开始】选项卡【段落】组中的【⚡】按钮，让分节符显示出来。

第 2 章

Excel 2010 电子表格

任务 1　录入和编辑技巧

1. 从 Word 表格文本中导入数据

要想将 Word 表格的文本内容导入 Excel 工作表中，可以通过执行【选择性粘贴】操作来实现。具体操作如下：先利用【复制】按钮将 Word 表格文本内容添加到系统剪贴板中，然后在 Excel 工作表中定位到对应位置；单击【粘贴】下拉列表中的【选择性粘贴】按钮，在弹出的对话框中选择【无格式文本】选项，最后单击【确定】按钮即可。

2. 实现以"0"开头的数字输入

在 Excel 单元格中，输入一个以"0"开头的数据后，往往会在显示时会自动把"0"消除。要保留数字开头的"0"，其实是非常简单的。只要在输入数据前先输入一个"'"（英文状态下的单引号），这样"0"就不会被系统自动消除。

3. 利用"填充柄"快速输入相同数据

在编辑工作表时，有时整行或整列需要输入的数据都一样。很显然，如果逐个输入很费时费力，而利用鼠标拖动"填充柄"可以实现快速输入。具体操作如下：首先在第一个单元格中输入需要的数据，然后单击该单元格，再移动鼠标指针至该单元格右下角的填充柄处，当指针变为黑色"+"字形时，按住鼠标左键，同时根据需要按行或列方向拖动鼠标，选中所有要输入相同数据的行或者列的单元格，最后释放鼠标即可。这样数据就会自动复制到刚才所选中的所有单元格。

4. 在连续单元格中自动输入等比数据序列

在工作表中输入一个较大的等比序列时，可以通过填充的方法来实现。具体操作如下：首先在第一个单元格中输入该序列的起始值，然后选择要填充的所有单元格，再单击【开始】选项卡【编辑】组中的【填充】→【序列】按钮。在弹出的【序列】对话框中，选择【类型】中的【等比序列】单选按钮，再在【步长】文本框中输入等比序列的比值。然后在【终止值】文本框中输入一个数字，不一定是该序列的最后一个值，只要是一个比最后一个数大的数字就可以。最后单击【确定】按钮即可，这样系统就会自动按照要求将序列填充完毕。

5. 在常规格式下输入分数

当在工作表的单元格中输入如"2/5""6/7"等形式的分数时，系统会自动将其转换为日期格式。要实现在"常规"模式下分数的输入，只要在输入分数前先输入"0+空格符"，再在后面输入分数即可，如输入"0□2/3"（□表示空格）即正确显示为"2/3"。

6. 在单元格中自动输入时间和日期

要让系统自动输入时间和日期，可以选中需输入的单元格，直接按【Ctrl+;】组合键即可输入当前日期，直接按【Ctrl+Shift+;】组合键即可输入当前时间。当然，也可以在单元格中先输入其他文字，再按以上组合键，如先输入"当前时间为:"，在按【Ctrl+Shift+;】组合键，就会在单元格中显示"当前时间为：16:27"。

以上方法美中不足的是，输入的时间和日期是固定不变的。如果希望日期或时间随当前系统的日期、时间自动更新，则可以利用函数来实现。输入函数"=today()"得到当前系统日期，输入函数"=now()"得到当前系统时间和日期。

7. 为不相连的单元格快速输入相同信息

如果要输入相同内容的单元格不连续，可以使用下面的方法实现快速输入：首先按住【Ctrl】键选择不连续的单元格，然后将光标定位到编辑栏中，输入需要的数据。输入完成后按住【Ctrl】键不放，再按【Enter】键，这样输入的数据就会自动填充到所有选择的单元格中。

8. 在多个工作表中同时输入相同数据

如果要在不同的工作表中输入相同的内容，可以试试以下方法：先按住【Ctrl】键，然后单击左下角的工作表标签名称来选定需要的工作表。这样所选择的工作表就会自动成为一个"成组工作表"。只要在任意一个工作表中输入数据，其他工作表也会增加相同的数据内容。如果要取消"成组工作表"模式，只要在任一工作表名称上右击，在弹出的快捷菜单中选择【取消组合工作表】命令即可。

9. 快速实现整块数据的移动

在工作中常常需要移动单元格中的数据，直接采用拖动的方法比粘贴操作更快捷。操作过程如下：首先选择要移动的数据（注意必须是连续的区域），然后移动鼠标到边框处，当鼠标指针变成一个双箭头的黑色十字形状时，按住【Shift】键的同时按下鼠标左键，拖动鼠标至要移动的目的区域（可以从鼠标指针右下方的提示框中获知是否到达目标位置），释放鼠标即完成移动。

10. 自动检测输入数据的合法性

由于特殊需要，对单元格的数据输入要求必须按统一格式来定义。为了实现用户输入数据时自动检测其一致性，只要为需要的单元格或工作表设置数据有效性检查即可。先选择需要进行该设置的单元格，然后单击【数据】选项卡【数据工具】组中的【数据有效性】→【数据有效性】按钮，在弹出的对话框中选择【设置】选项卡，再从【允许】下拉列表中选择要设置的类型，如【整数】、【小数】、【日期】等。如果对数据输入的大小或范围有要求的话，还可以对【数据】项进行设置。

当然，还可以在【出错警告】和【输入法模式】选项卡中为单元格设置提示的类型和默认的输入法等，最后单击【确定】按钮。这样设置后，当用户输入的数据不符合设置要求时，系统会自动弹出一个【输入值非法】的提示对话框来提醒用户。

11. 选择大范围的单元格区域

由于屏幕大小的局限性，利用鼠标拖动操作总是无法一次性准确地选择大于屏幕显示范围的单元格区域。可以试试如下操作：首先在"名称"框（公式输入栏 fx 左边的输入框）中输入该操作区域的起始单元格名称代号，然后输入该操作区域的最后一个单元格名称代号，中间用"："（英文状态下的冒号）分开，最后按【Enter】键，这样以两个单元格为对角的长方形区域就会被快速地选定。

12. 为修改后的工作表添加批注

在对工作表文档进行修改的同时，想在修改处添加批注，以方便日后的查阅，其操作步骤如下：首先选择已经修改过的单元格，然后单击【审阅】选项卡【批注】组中的【新建批注】按钮。这时在该单元格旁边会弹出一个文本输入框，输入框上边会自动显示系统安装时使用的用户名称，也可以改为当前使用者的名称。在光标处即可输入要添加的批注内容。输入完成后，单击任意位置，批注文本框就会自动隐藏起来。这时会在单元格的右上角会多出一个红色的小三角形符号。当鼠标指针移动至该单元格上时，会自动弹出刚才添加的批注内容。同时还可以右击该单元格，在弹出的快捷菜单中通过【编辑批注】和【删除批注】按钮进行其他修改操作。

13. 快速选中所有数据类型相同的单元格

如果要选择数据类型都是"数字"的单元格来进行操作，可使这些单元格都是分散的，可以利用【定位】按钮快速地找到这些单元格。具体操作如下：单击【开始】选项卡【编辑】组中的【查找和选择】→【定位条件】按钮，弹出【定位条件】对话框，根据需要，选择设置好要查找的单元格类型。例如先选择【常量】项，然后选择【数字】项，最后单击【确定】按钮完成即可。符合上述条件的单元格全部会选中。

14. 给单元格重新命名

在函数或公式中引用单元格时，一般都会用字母加数字的方式来表示该单元格，如"A1"表示第一行第一列的单元格。用数字和字母的组合来命名单元格只是系统默认的一种方式而已，还可以用以下方法为单元格命名。首先选择要命名的单元格，然后在工作表左上角的"名称"框中输入希望的新名字，如可以输入"一号"，然后按【Enter】键结束。这样下次就可以用这个名称来引用该单元格。

15. 启用记忆功能输入单元格数据

在一些网页填写注册信息时，如果输入的内容以前曾经输入过，只要输入前面一个或几个字符，系统就会自动输入其余的内容。其实，Excel 的单元格数据也有这种功能。这种功能称为自动记忆功能。具体设置如下：选择【文件】→【选项】命令，在弹出的【Excel 选项】对话框中，选中【高级】列表框中的【为单元格值启用记忆式键入】复选框，最后单击【确定】按钮即可。

16. 去除单元格中的"0"

选择【文件】→【选项】命令，在弹出的【Excel 选项】对话框中，取消选中【高级】列表框中的【在具有零值的单元格中显示零】复选框，最后单击【确定】按钮即可。这样工作表中所有的"0"都会被隐藏起来。

17. 为数据输入设置下拉选择列表

为了统一输入的格式，在输入数据时，可以为单元格设置一个可供选择的下拉列表，具体操作如下：首先选择需要建立自动选择列表的单元格，然后单击【数据】选项卡【数据工具】组中的【数据有效性】→【数据有效性】按钮，在弹出的对话框中选择【设置】选项卡，在【允许】下拉列表中选择【序列】项。这时对话框会增加【来源】项，在其下面的输入框中输入供用户选择的序列。不同的选择项用","号分开（在英文输入法状态下的逗号），如输入"满意，一般，不满意"，最后单击【确定】按钮即可。这样设置后，单击单元格时，右边会出现一个向下的黑色箭头，单击该箭头就会弹出一个可供选择的输入列表。

18. 依据单元格数据调整列宽

在数据输入过程中，如果数据长度太长而不想换行，一般是通过拖动操作来调整列宽，可是遇到下一个超出宽度时，又要进行调整。要想让单元格自动适应数据长度，其实不必一个一个调整列宽来适应数据长度，可以一直输入所有的数据，最后选择该列，移动鼠标指针到列的右边界处，当指针横向是一个双箭头的黑色十字状时，双击。这样系统就会自动调整列宽以保证该列中数据长度最长的单元格也能完整显示数据。该方法同样适用于行高的自动调整。

19. 将意外情况造成的数据丢失降到最低

因意外情况（如断电、死机）而来不及保存操作造成的数据丢失时有发生，用软件的方法是无法彻底地解决该问题的。但是可以通过设置"自动保存"功能将这样造成的损失降到最低。具体实现如下：选择【文件】→【选项】命令，在弹出的【Excel 选项】对话框中，选中【保存】列表框中的【保存自动恢复信息时间间隔】复选框，在后面的时间间隔设置框中，输入自动保存的时间间隔，以便使数据丢失降到最低。

20. 自定义单元格的移动方向

一般在输入数据时，每次按【Enter】键后，系统都会自动转到该列的下一行，这给按行方向输入数据带来了很大的不便。其实，可以按自己的需要随意更改这种移动方向。具体实现方法如下：选择【文件】→【选项】命令，在弹出的【Excel 选项】对话框中，在【高级】列表框中的【按 Enter 键后移动所选内容】下拉列表中有【向下】、【向右】、【向上】和【向左】4 种方向，根据实际需要选择，最后单击【确定】按钮即可。

21. 保护 Excel 文件

Excel 应用程序提供了简单的数据文件加密功能。单击【审阅】选项卡【更改】组中的【保护工作表（簿）】按钮，然后在弹出的对话框中输入文件密码。这样别人就无法看到该数据文件了。如果要取消密码，可以单击【撤销工作表（簿）保护】按钮。

22. 浏览数据内容时让标题始终可见

如果工作表中数据列超过一屏，当利用滚动条浏览数据时，该数据文件的行标题或列标题就无法在下一屏显示，要解决这个问题，可以通过"冻结窗格"使标题栏固定不动。首先选择整个标题栏，然后单击【视图】选项卡【窗口】组中的【冻结窗格】按钮，这样就不会随着翻页而无法看到标题栏了。

23. 让文本输入自动适应单元格长度

在 Excel 单元格中输入文字时，即使输入的文字长度超过单元格长度，系统也不会自动换行，而只是显示为一行。其实，要实现让系统自动根据单元格长度来调整文本的行数是很容易的，这就是文本的自动换行问题。在输入文本时，当到达单元格最右边时，按【Alt+Enter】组合键，系统就会自动加宽单元格的宽度，而文本也会自动换到下一行。如果觉得每次按组合键太麻烦，可以执行如下设置：首先单击工作表左上角的行、列相交的空白处，选择工作表中的所有单元格（也可以按【Ctrl+A】组合键来选择）然后单击【开始】选项卡【对齐方式】组中的【自动换行】按钮即可。如果只要实现部分单元格的自动换行，可以先选定这些单元格，再执行上述操作。

24．正确显示百分数

在单元格中输入一个百分数（如 10%）的数据都会默认被强制定义成数值类型。只要更改其类型为"常规"或"百分数"即可。操作如下：选择该单元格，然后单击【开始】选项卡【单元格】组中的【格式】→【设置单元格格式】按钮，在弹出的对话框中选择【数字】选项卡，再在【分类】栏中把其类型改为上述类型中的一种即可。

25．利用【选择性粘贴】命令将文本格式转化为数值

在通过导入操作得到的工作表数据中，许多数据格式都是文本格式的，无法利用函数或公式直接进行运算。对这种通过特殊途径得到的数据文档，可以通过以下方法来实现快速批量转换格式：先在该数据文档的空白单元格中输入一个数值型数据，如"1"，然后利用"复制"按钮将其复制到剪贴板中，接着选择所有需要格式转换的单元格，再单击【粘贴】→【选择性粘贴】按钮，在弹出的【选择性粘贴】对话框中选择【运算】项下的【乘】或者【除】单选按钮，最后单击【确定】按钮即可。这样，所有的单元格都会转换为数值格式。

26．自定义数据类型隐藏单元格值

要隐藏单元格的值，先选中要隐藏数据的单元格，然后单击【开始】选项卡【单元格】组中的【格式】→【设置单元格格式】按钮，再在弹出的对话框的【数字】选项卡的【分类】列表框中选择【自定义】选项，接着在【类型】文本框中输入";;;"（三个分号），单击【确定】按钮返回即可。

27．将格式化文本导入 Excel

首先，在 Windows "记事本"中输入格式化文本，每个数据项之间应被空格隔开，也可以用逗号、分号、【Tab】键作为分隔符。输入完成后，保存此文本文件并退出。在 Excel 中打开刚才保存的文本文件，弹出【文本导入向导–3 步骤之 1】对话框，选择【分隔符号】，单击【下一步】按钮。在【文本导入向导–3 步骤之 2】对话框中选择文本数据项分隔符号，Excel 提供了【Tab】键、分号、逗号以及空格等。注意，这里的几个分隔符号选项应该单选。在【预览分列效果】中可以看到竖线分隔的效果。单击【下一步】按钮。在【文本导入向导–3 步骤之 3】对话框中，可以设置数据的类型，一般不需要改动，Excel 自动设置为【常规】格式。【常规】数据格式将数值转换为数字格式，日期值转换为日期格式，其余数据转换为文本格式。最后单击【完成】按钮即可。

28．复制单元格的格式设置

在对多个单元格进行相同格式设置时，一般先选择所有单元格（如果单元格不是连续的，可以按住【Ctrl】键选择），再进行格式设置。可是有时不能完全确定究竟哪些单元格要进行相

同的设置，是不是只有重复多次相同的设置操作呢？其实，遇到这种情况不用一个一个地操作。利用【格式刷】按钮，可以非常方便快速地完成该设置。

首先选择已经完成格式设置的单元格，然后单击【格式刷】按钮，接着移动到其他需要相同设置的单元格上，执行单击操作即可。如果需要设置的单元格比较多，为了避免反复地单击【格式刷】按钮，可以一开始就双击该按钮，再对其他单元格执行操作。完成后只要再次单击该按钮即可取消【格式刷】模式。

其实，除了利用【格式刷】进行格式设置外，还可以利用【选择性粘贴】操作直接复制单元格的格式。具体操作如下：先选择已经设置好格式的单元格，然后单击【复制】按钮，再选择需要相同设置的目标单元格，接着单击【粘贴】→【选择性粘贴】按钮，在弹出的对话框中选择【格式】单选按钮。最后单击【确定】按钮即可完成格式的复制。

29. 快速格式化报表

为了制作出美观的报表，需要对报表进行格式化。除了采用常规的格式化办法之外，还有更快捷的方法，即自动套用 Excel 预设的表格样式。具体操作如下：选定操作区域，再单击【开始】选项卡【样式】组中的【套用表格格式】下拉按钮，在格式列表框中选择一款满意的格式样式即可。

任务 2　函数和公式编辑技巧

1. 巧用 IF 函数清除 Excel 工作表中的 "0"

有时引用的单元格区域内没有数据，Excel 仍然会计算出一个结果 "0"，这使得报表非常不美观。如何才能去掉这些无意义的 "0" 呢？利用 IF 函数可以有效地解决这个问题。IF 函数是使用比较广泛的一个函数，可以对数值的公式进行条件检测，对真假值进行判断，根据逻辑测试的真假返回不同的结果。它的表达式为 IF(logical_test,value_if_true,value_if_false)，logical_test 表示计算结果为 TRUE 或 FALSE 的任意值或表达式。例如 A1>=100 就是一个逻辑表达式，如果 A1 单元格中的值大于等于 100，表达式结果即为 TRUE，否则结果为 FALSE；value_if_true 表示当 logical_test 为真时返回的值，也可是公式；value_if_false 表示当 logical_test 为假时返回的值或其他公式。所以形如公式 "=IF(SUM(B1:C1),SUM(B1:C1),"")" 所表示的含义为：如果单元格区域 B1:C1 内有数值且求和为真，其中的数值将被进行求和运算。反之，如果单元格区域 B1:C1 内没有任何数值或求和为假，那么存放计算结果的单元格显示为一个空白单元格。

2. 批量求和

批量求和是对数字求和时经常遇到的操作。除传统的输入求和公式并复制外，对于连续区域求和可以采取如下方法：假定求和的连续区域为 m×n 的矩阵型，并且此区域的右边一列和下面一行为空白，用鼠标将此区域选中并包含其右边一列或下面一行，也可以两者同时选中，单击【开始】选项卡【编辑】组中的【自动求和】按钮，则在选中区域的右边一列或下面一行自动生成求和公式，并且系统能自动识别选中区域中的非数值型单元格，求和公式不会产生错误。

3. 对相邻单元格的数据求和

要将单元格区域 B2:B5 的数据之和填入单元格 B6 中，操作如下：先选定单元格 B6，输入

"=",再双击【求和】按钮；接着用鼠标单击单元格 B2 并一直拖动至 B5，选中整个 B2:B5 区域，这时在编辑栏和 B6 中可以看到公式"=sum(B2:B5)"，单击编辑栏中的【√】按钮（或按【Enter】键）确认，公式即建立完毕。此时如果在 B2:B5 单元格区域中任意输入数据，它们的和立刻会显示在单元格 B6 中。同样，如果要将单元格区域 B2:D2 的数据之和填入单元格 E2 中，也是采用类似的操作，但横向操作时要注意：对建立公式的单元格（该例中的 E2）一定要在【设置单元格格式】对话框中的【水平对齐】中选择【常规】方式，这样在单元格内显示的公式才不会影响到旁边的单元格。如果还要将单元格区域 C2:C5、D2:D5、E2:E5 的数据之和分别填入单元格 C6、D6 和 E6 中，则可以采取简捷的方法将公式复制到单元格 C6、D6 和 E6 中：先选取已建立公式的单元格 B6，单击【复制】按钮，再选中 C6:E6 单元格区域，单击【粘贴】按钮即可将单元格 B6 中已建立的公式相对复制到单元格 C6、D6 和 E6 中。

4. 对不相邻单元格的数据求和

要将单元格 B2、C5 和 D4 中的数据之和填入 E6 中，操作如下：先选定单元格 E6，输入"="，双击【求和】按钮；接着单击单元格 B2，输入"，"，单击单元格 C5，输入"，"，单击单元格 D4，这时在编辑栏和单元格 E6 中可以看到公示"=SUM(B2,C5,D4)"，按【Enter】键确认后公式即建立完毕。

5. 利用公式设置加权平均

加权平均在财务核算和统计工作中经常用到，并不是一项很复杂的计算，关键是要理解加权平均值其实就是总量值（如金额）除以总数量得出的单位平均值，而不是简单地将各个单位值（如单价）平均后得到的那个单位值。在 Excel 中可设置公式解决（其实就是一个除法算式），分母是各个量值之和，分子是相应的各个数量之和，它的结果就是这些量值的加权平均值。

6. 用记事本编辑公式

在工作表中编辑公式时，需要不断查看行列的坐标。当编辑的公式很长时，编辑栏所占据的屏幕面积越来越大，正好将列坐标遮挡而看不见，非常不方便。能否用其他方法编辑公式？打开记事本，在里面编辑公式，屏幕位置、字体大小不受限制，还有滚动条，其结果又是纯文本格式，可以在编辑后直接粘贴到对应的单元格中而无须转换，既方便又避免了以上不足。

7. 防止编辑栏显示公式

有时可能不希望让其他用户看到自己的公式，即单击选中包含公式的单元格，在编辑栏不显示公式。为防止编辑栏中显示公式，可按以下方法设置：右击要隐藏公式的单元格区域，从快捷菜单中选择【设置单元格格式】命令，在弹出的对话框中选择"保护"选项卡，选中【锁定】和【隐藏】复选框，然后单击【审阅】选项卡【更改】组中的【保护工作表】按钮，弹出【保护工作表】对话框，选中【保护工作表及锁定的单元格内容】复选框，单击【确定】按钮以后，用户将不能在编辑栏或单元格中看到已隐藏的公式，也不能编辑公式。

8. 解决 SUM 函数参数中的数量限制

Excel 中 SUM 函数的参数不得超过 255 个，假如需要用 SUM 函数计算 260 个单元格 A2、A4、A6、A8、A10、A12、…、A516、A518、A520 的和，使用公式 SUM(A2,A4,A6,…,A516, A518,A520) 显然是不行的，Excel 会提示"太多参数"。其实，只需要使用双组括号的 SUM 函数

SUM((A2,A4,A6,…,A516,A518,A520))即可。稍作变换即可提高有 SUM 函数和其他拥有可变参数的函数的引用区域数。

9. 在绝对与相对单元引用之间切换

当在 Excel 中创建一个公式时，该公式可以使用相对单元引用，即相对于公式所在的位置引用单元，也可以使用绝对单元引用，引用特定位置上的单元。公式还可以混合使用相对单元和绝对单元。绝对引用由$后跟符号表示，例如，$B$1 是对第一行 B 列的绝对引用。借助公式工作时，通过使用下面这个捷径，可以轻松地将行和列的引用从相对引用变到绝对引用，反之亦然。操作方法如下：选中包含公式的单元格，在公示栏中选择想要改变的引用，按【F4】键切换。

10. 快速查看所有工作表公式

要想在显示单元格值或单元格公式之间来回切换，只需按【Ctrl+`】组合键。

11. 求和函数的快捷输入法

求和函数"SUM"可能是工作表文档中使用最多的函数。有什么好办法来快速输入呢？其实，"SUM"函数不必每次都直接输入，可以单击【开始】选项卡中的【∑】按钮来快速输入。当然还有更快捷的键盘输入，即先选择单元格，然后按【Alt+=】组合键即可。这样不但可以快速输入函数名称，还能智能地确认函数的参数。

12. 不输入公式直接查看结果

当要计算工作表中的数据时，一般利用公式或函数得到结果。可是假如仅仅只是想查看一下结果，并不需要在单元格中建立记录数据。有什么办法实现吗？可以选择要计算结果的所有单元格，然后看看编辑窗口最下方的状态栏上，是不是自动显示了"求和=?"的字样？如果还想查看其他运算结果，只需移动鼠标指针到状态栏任意区域，然后右击，在弹出的快捷菜单中选择要进行的运算操作命令，在状态栏就会显示相应的计算结果。这些操作包括均值、计数、计数值、求和等。

13. 在公式中引用其他工作表单元格数据

在公式中，一般会用单元格符号来引用单元格的内容，但是这都是在同一个工作表中进行操作。如果要在当前工作表中引用同一工作簿工作表的单元格，该如何实现？要引用其他工作表的单元格可以使用以下格式来表示：工作表名称+"!"+单元格名称。如要将 Sheet1工作表中的 A1 单元格的数据和 Sheet2 工作表中的 B1 单元格数据相加，可以表示为"Sheet1!A1+Sheet2!B1"。

14. 快捷输入函数参数

系统提供的函数一般有多个不同的参数，如何在输入函数时能快速地查阅该函数的各个参数功能呢？可以利用组合键来实现：先在编辑栏中输入函数，然后按【Ctrl+A】组合键，系统就会自动弹出该函数的参数输入选择框，可以直接利用鼠标单击来选择各个参数。

15. 在函数中快速引用单元格

在使用函数时，常常需要用单元格名称来引用该单元格的数据。如果要引用的单元格太多，逐个输入就会很麻烦。遇到这种情况时可以试试下面的方法，利用鼠标直接选取引用的单元格：以 SUM 函数为例，在公式编辑栏中直接输入 "=SUM()"，然后将光标定位至小括号内，接着按住【Ctrl】键，在工作表中利用鼠标选择所有参与运算的单元格。这时会发现，所有被选择的单元格都自动填入函数中，并用","自动分隔开。输入完成后按【Enter】键结束即可。

16. 快速找到所需要的函数

函数应用是 Excel 中经常要使用的。如果对系统提供的函数不是很熟悉，有什么办法可以快速找到需要的函数？对于没学过计算机编程的人来说，系统提供的函数的确是一个比较头痛的问题。不过使用下述方法可以非常容易地找到需要的函数：假如需要利用函数对工作表数据进行排序操作，可以先单击编辑栏的【插入函数】按钮，在弹出对话框的【搜索函数】项下直接输入所要的函数功能，如直接输入"排序"两个字。然后单击【转到】按钮，在【选择函数】对话框中就会列出几个用于排序的函数。单击某个函数，在对话框下面就会显示该函数的具体功能。如果觉得还不够详细，还可以单击【有关函数的帮助】超链接来查看更详细的描述。

任务 3 数据分析和管理技巧

1. 快速对单列进行排序

选定要进行排序的任意数据单元格，单击【数据】选项卡【排序和筛选】组中的【升序】或【降序】按钮，可以快速地对单列数据按升序或降序进行排序。

2. 快速对多列进行排序

在 Excel 2010 中，可以使用"排序"对话框对数据表中的多列数据进行排序。操作如下：选择要排序的单元格区域，然后单击【数据】选项卡【排序和筛选】组中的【排序】按钮，弹出【排序】对话框，在【主要关键字】下拉列表中选择第一排序关键字的选项，在【次序】下拉列表中选择【降序】或【升序】选项，然后单击【添加条件】按钮，添加次要关键字和次序，单击【确定】按钮，完成排序。

3. 自动筛选前 10 个

有时可能想对数值字段使用自动筛选来显示数据清单里的前 n 个最大值或最小值，解决的方法是使用"前 10 个"自动筛选。当在自动筛选的数值字段下拉列表中选择【前 10 个】选项时，将出现【自动筛选前 10 个】对话框。这里所谓"前 10 个"是指一个一般术语，并不仅局限于前 10 个，可以选择最大或最小和定义任意的数字，如根据需要选择 8 个、12 个等。

4. 在工作表之间使用超链接

首先需要在被引用的其他工作表中相应的部分插入书签，然后在引用工作表中插入超链接。注意在插入超链接时，可以先在【插入超链接】对话框的【链接到文件或 URL【设置栏中输入相应的书签名，也可以通过"浏览"方法选择。完成上述操作之后，一旦单击工作表中带有下画线的文本的任意位置，即可实现 Excel 自动打开目标工作表并转到相应的位置处。

5. 快速链接网上的数据

可以用以下方法快速建立与网上工作簿数据的链接：首先，打开 Internet 上含有需要链接数据的工作簿，并在工作簿中选定数据；其次，单击【开始】选项卡【剪贴板】组中的【复制】按钮；再次，打开需要创建链接的工作簿，在需要显示链接数据的区域中，单击左上角单元格；最后，单击【开始】选项卡【剪贴板】组中的【粘贴】→【粘贴链接】按钮即可。若想在创建链接时不打开 Internet 工作簿，可单击需要链接处的单元格，然后输入"="和 URL 地址及工作簿位置，如=http://www.Js.com/[filel.xls]。

6. 跨表操作数据

设有名称为 Sheet1、Sheet2 和 Sheet3 的 3 张工作表，现要用 Sheet1 的 D8 单元格的内容乘以 40%，再加上 Sheet2 的 B8 单元格内容乘以 60%，作为 Sheet3 的 A8 单元格的内容，则应该在 Sheet3 的 A8 单元格输入以下算式"=Sheet1!D8*40%+Sheet2!B8*60%"。

7. 查看 Excel 中相距较远的两列数据

在 Excel 中，若要将距离较远的两列数据（如 A 列与 Z 列）进行对比，通过不停地移动表格窗内的水平滚动条分别查看，这样的操作非常麻烦，而且容易出错。利用下面这个小技巧，可以将一个数据表"变"成两个，让相距较远的数据同屏显示：把鼠标指针移到工作表底部水平滚动条右侧的小块上，鼠标指针便会变成一个双向的光标；把这个小块拖到工作表的中部，整个工作表被一分为二，出现了两个数据框，而其中的都是当前工作表内的内容。这样便可以让一个数据框中显示 A 列数据，另一个数据框中显示 Z 列数据，从而可以轻松地进行比较。

8. 利用【选择性粘贴】操作完成一些特殊的计算

如果某 Excel 工作表中有大量数字格式的数据，并且希望将所有数字取负，可单击【选择性粘贴】按钮。操作方法如下：在一个空单元格中输入"–1"，选择该单元格，单击【开始】选项卡【剪贴板】组中的【复制】按钮，选择目标单元格。单击【开始】选项卡【剪贴板】组中的【粘贴】→【选择性粘贴】按钮，在弹出【选择性粘贴】对话框中，选中粘贴栏下的数值和运算栏下的【乘】，单击【确定】按钮，所有数字将与–1 相乘。也可以使用该方法将单元格中的数值缩小 1000 或更大倍数。

152

任务 4　图形和图表编辑技巧

1. 将单元格中的文本链接到图表文本框

希望系统在图表文本框中显示某个单元格的内容，同时还要保证他们的修改保持同步，这是完全可以实现的，只要将该单元格与图表文本框建立链接关系即可实现。具体操作如下：首先单击该图表中的文本框，然后在系统的编辑栏中输入一个"="符号，再单击需要链接的单元格，最后按【Enter】键即可。此时图表中的文本框内容就是刚才选中的单元格中的内容，按【Enter】键确认。如果下次要修改该单元格的内容，图表中文本框的内容也会相应地被修改。

2. 重新设置系统默认的图表

当用组合键创建图表时，系统总是给出一个相同类型的图表。要修改系统的这种默认图表的类型，可以执行以下操作：首先选择一个创建好的图表，然后右击，在弹出的快捷菜单中选择【更改图标类型】命令，再在弹出的对话框中选择一种希望的图表类型即可。

3. 利用组合键直接在工作表中插入图表

有比用菜单命令或工具按钮插入图表更快捷的方法吗？当然有，可以利用组合键。先选择要创建图表的单元格，然后按【Alt+F1】组合键，即可快速建立一个图表。

4. 轻松调整图表布局

在工作表中插入图表后，还可进行布局调整。其操作方法如下：选中图表，单击【设计】选项卡【图表布局】组中的【快速布局】按钮，在弹出的下拉列表中选择需要的布局即可。

5. 快速设置图表样式

可以为图表轻松套用 Excel 2010 提供的多种内置图表样式，其操作方法如下：选中图表，选择【设计】选项卡【图表样式】组中的样式即可。

6. 快速调整图例位置

默认情况下，图例位于图表区域的右侧，用户可根据需要调整图例的位置。操作方法如下：单击图例，将其选中并右击，在弹出的快捷菜单中选择【设置图例格式】命令，弹出【设置图例格式】对话框，在右侧的【图例位置】选项区中选中【底部】、【靠上】、【靠左】等单选按钮，即可将图例调整到其他位置。

7. 直接为图表增加新的数据系列

如果不重新创建图表，要为该图表添加单元格数据系列，又该如何实现？可以右击图表，从快捷菜单中选择【选择数据】命令，弹出【选择数据源】对话框，单击【添加】按钮，选择要添加的数据源区域即可。

第3章
PowerPoint 2010 演示文稿

任务1 演示文稿编辑技巧

1. 在 PowerPoint 演示文稿内复制幻灯片

若要复制演示文稿中的幻灯片，首先在普通视图的【大纲】或【幻灯片】选项卡中，选择要复制的幻灯片。如果希望按顺序选取多张幻灯片，则单击时按住【Shift】键；若不按顺序选取幻灯片，则单击时按住【Ctrl】键。然后按【Ctrl+Shift+D】组合键，可将选中的幻灯片直接以插入方式复制到选定的幻灯片之后。

2. 增加 PowerPoint 的"后悔药"

在使用 PowerPoint 编辑演示文稿时，如果操作错误，单击自定义快速访问工具栏中的【撤销】按钮即可恢复到操作前的状态。然而，默认情况下，PowerPoint 最多只能恢复最近的 20 次操作。其实，PowerPoint 允许用户最多可以"反悔"150 次，但需要用户事先进行如下设置：选择【文件】→【选项】命令，弹出【PowerPoint 选项】对话框，在【高级】列表框的【编辑选项】组中，设置【最多可取消操作数】为【150】，单击【确定】按钮即可。

3. PowerPoint 中的自动缩略图效果

想要在一张幻灯片中实现多张图片的演示，而且单击后能实现自动放大的效果，再次单击后还原。其方法是：新建一个演示文稿，单击【插入】选项卡【文本】组中的【对象】按钮，弹出【插入对象】对话框，选择【Microsoft PowerPoint 演示文稿】，在插入的演示文稿对象中插入一幅图片，并将图片的大小改为演示文稿的大小，再退出该对象的编辑状态，可根据需要将它缩小到合适的比例，按【F5】键演示一下看看是不是符合要求。接下来，只需复制这个插入的演示文稿对象，更改其中的图片，并排列它们之间的位置即可。

4. 快速调节文字大小

在 PowerPoint 中输入文字大小不合乎要求或者看起来效果不好，一般情况是通过选择字体字号加以解决，其实有一个更加简洁的方法：选中文字后按【Ctrl+]】组合键可放大文字，按【Ctrl+ [】组合键可缩小文字。

5. 将图片文件用作项目符号

一般情况下，使用的项目符号是 1、2、3 或 a、b、c 之类的。其实，还可以将图片文件作为项目符号，美化自己的幻灯片。首先选择要添加图片项目符号的文本或列表，单击【开始】选项卡【段落】组中的【项目符号】下拉按钮，单击【项目符号和编号】按钮，弹出【项目符号和编号】对话框，单击【图片】按钮，弹出【图片项目符号】对话框，单击一张图片，再单击【确定】按钮即可应用。

6. 巧用键盘辅助定位对象

在 PowerPoint 中，有时用鼠标定位对象不太准确，按住【Shift】键的同时用鼠标水平或竖直移动对象可以基本接近于直线平移。在按住【Ctrl】键的同时用方向键来移动对象，可以精确到像素点的级别。

7. 快速灵活改变图片颜色

利用 PowerPoint 制作演示文稿，插入漂亮的图片会为幻灯片增色不少。这时可以选中图片，单击【图片工具】|【格式】选项卡【调整】组中的【颜色】→【重新着色】按钮，在随后出现的列表框中便可任意改变图片中的颜色。

8. 为 PowerPoint 添加公司 Logo

用 PowerPoint 为公司做演示文稿时，最好每一页幻灯片都加上公司的 Logo，这样可以间接地为公司做免费广告。单击【视图】选项卡【演示文稿视图】组中的【幻灯片母版】按钮，在"幻灯片母版视图"中，将 Logo 放在合适的版式幻灯片上，关闭幻灯片母版视图返回普通视图，即可看到每一页都加上了 Logo，而且在普通视图上无法改动它。

9. 随时更新演示文稿中的图片

在制作演示文稿中，如果想要在其中插入图片，单击【插入】选项卡【插图】组中的【图片】按钮，弹出【插入图片】对话框，可插入相应的图片。其实，当选择好想要插入的图片后，可以单击【插入】下拉按钮，在出现的下拉列表中单击【链接到文件】按钮，以后只要在系统中对插入的图片进行修改，演示文稿中的图片就会自动更新，免除了重复修改的麻烦。

10. 利用剪贴画查找免费图片

当利用 PowerPoint 制作演示文稿时，经常需要查找图片作为辅助素材，其实这个时候不用登录网站去搜索，直接在"剪贴画"中就能解决。方法如下：单击【插入】选项卡【图像】组中的【剪贴画】按钮，在【剪贴画】任务窗格的【搜索文字】框中输入所要找的相关图片的关键词，然后选中【包括 Office.com 内容】复选框，单击【搜索】按钮即可。

11. 对象也用格式刷

在 PowerPoint 中，想制作出具有相同格式的文本框（如相同的填充效果、线条色、文字字体、阴影设置等），可以在设置好其中的一个以，选中它，单击【开始】选项卡【剪贴板】组中的【格式刷】按钮，再单击其他文本框即可完成格式的复制。如果有多个文本框，双击【格式刷】按钮，可连续"刷"多个对象。完成操作后，再次单击【格式刷】即可。

12. 改变链接文字的默认颜色

在 PowerPoint 2010 中，如果对文字做了超链接或动作设置，那么 PowerPoint 会给它一个默认的文字颜色和单击后的文字颜色。但这种颜色可能与预设的背景色很不协调，可以单击【设计】选项卡【主题】组中的【颜色】下拉按钮，从下拉列表中单击【新建主题颜色】按钮，在弹出的【新建主题颜色】对话框中，对超链接或已访问的超链接文字颜色进行相应的调整即可。

13. 灵活设置背景

有时希望某些幻灯片和母版不一样，比如说当需要全屏演示一个图表或者照片时，可以先右击，然后从快捷菜单中选择【设置背景格式】命令，弹出【设置背景格式】对话框，选中【填充】列表框中的【隐藏背景图形】复选框，此时就可以让当前幻灯片不适用母版背景。

14. 去掉链接文字的下画线

在 PowerPoint 文档中插入一个文本框，然后在其中输入文字后，选中整个文本框，并设置超链接，这样在播放幻灯片时就看不到链接文字的下画线。

15. 巧让多个对象排列整齐

在某张幻灯片上插入多个对象，如果希望快速让他们排列整齐，按住【Ctrl】键，依次单击需要排列的对象，再单击【图片工具】|【格式】选项卡【排列】组中的【对齐】按钮，在排列方式列表中任选一种合适的排列方式就可实现多个对象间隔均匀的整齐排列。

16. 隐藏重叠的图片

如果在幻灯片中插入很多精美的图片或形状，在编辑时会不可避免地重叠在一起，妨碍用户工作，如何让它们暂时隐藏呢？方法如下：首先单击【开始】选项卡【编辑】组中的【选择】→【选择窗格】按钮，在工作区域的右侧会出现【选择可见性】任务窗格，此窗格中会列出所有当前幻灯片上的"形状"，并且每个"形状"右侧有一个【眼睛】图标，单击想要隐藏的"形状"右侧的【眼睛】图标，即可把挡住视线的"形状"隐藏起来。

任务 2　演示文稿管理技巧

1. "保存"特殊字体

为了获得好的效果，用户通常会在幻灯片中使用一些非常漂亮的字体，但将幻灯片复制到演示现场进行播放时，这些字体变成了普通字体，甚至还因字体而导致格式变得不整齐，严重影响演示效果。

在 PowerPoint 中，选择【文件】→【另存为】命令，在"另存为"对话框中单击【工具】→【保存选项】按钮，在弹出的对话框中选中【将字体嵌入文件】复选框，然后根据需要选择【仅嵌入演示文稿中所用字符】或【嵌入所有字符】单选按钮，最后单击【确定】按钮保存该文件即可。

2. 统计幻灯片、段落和字数

选择【文件】→【信息】命令，再单击【属性】→【高级属性】按钮，弹出【演示文稿属性】对话框，选择【统计】选项卡。该文件的各种数据，包括幻灯片数、字数、段落等信息都显示在该选项卡的统计信息框中。

3. 轻松隐藏部分幻灯片

对于制作好的 PowerPoint 幻灯片，如果希望其中部分幻灯片在放映时不显示出来，可以将它隐藏。方法是：在普通视图下，在左侧的"幻灯片大纲"中，按住【Ctrl】键，分别单击要隐藏的幻灯片，右击，从弹出的快捷菜单中选择【隐藏幻灯片】命令。如果想取消隐藏，右击相应的幻灯片，选择【取消隐藏幻灯片】命令即可。

4. 防止被修改

在 PowerPoint 中，选择【文件】→【另存为】命令，在【另存为】对话框中单击【工具】→【常规选项】按钮，在弹出的对话框中设置【修改权限密码】即可防止 PowerPoint 文档被人修改。另外，还可以将 PowerPoint 存为 PPS 格式，双击文件后可以直接播放幻灯片。

5. PowerPoint 编辑放映两不误

能不能一边播放幻灯片，一边对照演示结果对幻灯进行编辑呢？答案是肯定的，只需按住【Ctrl】键不放，单击【幻灯片放映】选项卡【开始放映幻灯片】组中的【从头开始】按钮即可，此时幻灯片将演示窗口缩小至屏幕左上角。修改幻灯片时，演示窗口会最小化，修改完成后再切换到演示窗口即可看到相应的效果。

6. 将 PowerPoint 演示文稿保存为图片

保存幻灯片时通过将保存类型选择为"Web 页"可以将幻灯片中的所有图片保存下来，如果想把所有幻灯片以图片的形式保存下来，该如何操作呢？打开要保存为图片的演示文稿，选择【文件】→【另存为】命令，将保存的文件类型选择为"JPEG 文件交换格式"，单击【保存】按钮，此时系统会询问用户【想导出演示文稿中的所有幻灯片还是只导出当前幻灯片？】，根据需要单击其中的相应按钮即可。

任务 3 演示文稿放映技巧

1. PowerPoint 自动黑屏

在用 PowerPoint 展示讲义时，有时需要观众自己讨论，这时为了避免屏幕上的图片影响观众的注意力，可以按【B】键，此时屏幕黑屏。观众讨论完成后再按【B】键即可恢复正常。按【W】键也会产生白屏的效果。

2. 让幻灯片自动播放

要让 PowerPoint 幻灯片自动播放，只需要在打开文稿前将该文件的扩展名从 PPTX 改为 PPSX 后再双击它即可。这样就避免了每次都要先打开这个文件才能进行播放所带来的不便和烦琐。

3. 快速定位幻灯片

在播放 PowerPoint 演示文稿时，如果要快进到或回退到第 5 张幻灯片，可以这样实现：按数字键【5】，再按【Enter】键。

4. 利用画笔做标记

利用 PowerPoint2010 放映幻灯片时，为了让效果更直观，有时需要现场在幻灯片上做些标记。在放映的演示文稿中右击，在弹出的快捷菜单中选择【指针选项】命令中的【圆珠笔】、【毡尖笔】或【荧光笔】即可，这样就可以调出画笔在幻灯片上写写画画了，用完后，按【Esc】键便可退出。

5. 幻灯片放映时让鼠标不出现

PowerPoint 幻灯片在放映时，有时需要对鼠标指针加以控制，让它一直隐藏。方法是：在放映幻灯片时右击，在弹出的快捷菜单中选择【指针选项】→【箭头选项】→【永远隐藏】命令，就可以让鼠标指针无影无踪。如果需要"唤回"指针，则右击，在弹出的快捷菜单中选择【指针选项】→【箭头选项】→【可见】命令。如果选择【自动】选项（默认），则将在鼠标停止移动 3 s 后自动隐藏鼠标指针，直到再次移动鼠标时才会出现。

6. PowerPoint 图表也能用动画展示

PowerPoint 中的图表是一个完整的图形，如何将图表中的各部分分别用动画展示出来？其实在定义图表动画时，将图表按系列、按分类、按系列中的元素或者按分类中的元素来设置动画，即可使图表中的每个部分依次动起来。

第 **4** 部 分

全国计算机等级考试
（二级 MS Office）高频考点

【导读】

举办全国计算机等级考试的目的在于推动计算机知识的普及，促进计算机知识与技术的推广应用。也是为了适应社会主义市场经济建设的需要，为人员择业、人才流动提供其计算机应用知识与能力的证明，以便用人部门录用和考核工作人员有一个统一、客观、公正的标准。

全国计算机等级考试（NCRE），实行百分制计分，以等第分数通知考生成绩。等第分数分为"不及格""及格""良好""优秀"四等，0～59分为不及格、60～79分为及格、80～89分为良好、90～100分为优秀。考试成绩在"及格"以上者，由教育部考试中心颁发合格证书。考试成绩为"优秀"的，合格证书上会注明"优秀"字样。该证书全国通用，是持有人某项计算机应用能力的证明。

NCRE的机考是在Windows 7平台下的无纸化考试，考试操作环境是安装在机器上的全国计算机等级考试系统提供的考试操作界面。

NCRE体系分为四级，分别适用于不同层次的计算机应用人员。

级　　别	科目名称	科目代码	考试时间	考试方式
一级	计算机基础及WPS Office应用	14	90 min	无纸化
	计算机基础及MS Office应用	15	90 min	无纸化
	计算机基础及Photoshop应用	16	90 min	无纸化
二级	C语言程序设计	24	120 min	无纸化
	VB语言程序设计	26	120 min	无纸化
	VFP数据库程序设计	27	120 min	无纸化
	Java语言程序设计	28	120 min	无纸化
	Access数据库程序设计	29	120 min	无纸化
	C++语言程序设计	61	120 min	无纸化
	MySQL数据库程序设计	63	120 min	无纸化
	Web程序设计	64	120 min	无纸化
	MS Office高级应用	65	120 min	无纸化
三级	网络技术	35	120 min	无纸化
	数据库技术	36	120 min	无纸化
	软件测试技术	37	120 min	无纸化
	信息安全技术	38	120 min	无纸化
	嵌入式系统开发技术	39	120 min	无纸化
四级	网络工程师	41	90 min	无纸化
	数据库工程师	42	90 min	无纸化
	软件测试工程师	43	90 min	无纸化
	信息安全工程师	44	90 min	无纸化
	嵌入式系统开发工程师	45	90 min	无纸化

针对全国计算机等级考试二级MS Office高级应用，相关内容如下：

1. 基本要求

（1）掌握计算机基础知识及计算机系统组成。

（2）了解信息安全的基本知识，掌握计算机病毒及防治的基本概念。

（3）掌握多媒体技术基本概念和基本应用。

（4）了解计算机网络的基本概念和基本原理，掌握因特网网络服务和应用。

（5）正确采集信息并能在文字处理软件 Word、电子表格软件 Excel、演示文稿制作软件 PowerPoint 中熟练应用。

（6）掌握 Word 的操作技能，并熟练应用编辑文档。

（7）掌握 Excel 的操作技能，并熟练应用进行数据计算及分析。

（8）掌握 PowerPoint 的操作技能，并熟练应用制作演示文稿。

2. 考试方式

（1）采用无纸化考试，上机操作。考试时间为 120 min。

（2）软件环境：Windows 7 操作系统；Microsoft Office 2010 办公软件。

（3）在指定时间完成以下各项：选择题时间为 20 min；Word 操作时间为 30 min；Excel 操作时间为 30 min；PowerPoint 操作时间为 20 min。

第 **1** 章
选择题高频考点

一、计算机基础知识高频考点

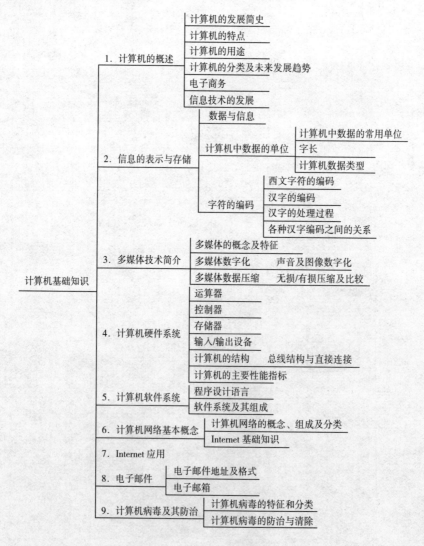

- 计算机基础知识
  - 1. 计算机的概述
    - 计算机的发展简史
    - 计算机的特点
    - 计算机的用途
    - 计算机的分类及未来发展趋势
    - 电子商务
    - 信息技术的发展
  - 2. 信息的表示与存储
    - 数据与信息
    - 计算机中数据的单位
      - 计算机中数据的常用单位
      - 字长
      - 计算机数据类型
    - 字符的编码
      - 西文字符的编码
      - 汉字的编码
      - 汉字的处理过程
      - 各种汉字编码之间的关系
  - 3. 多媒体技术简介
    - 多媒体的概念及特征
    - 多媒体数字化　声音及图像数字化
    - 多媒体数据压缩　无损/有损压缩及比较
  - 4. 计算机硬件系统
    - 运算器
    - 控制器
    - 存储器
    - 输入/输出设备
    - 计算机的结构　总线结构与直接连接
    - 计算机的主要性能指标
  - 5. 计算机软件系统
    - 程序设计语言
    - 软件系统及其组成
  - 6. 计算机网络基本概念
    - 计算机网络的概念、组成及分类
    - Internet 基础知识
  - 7. Internet 应用
  - 8. 电子邮件
    - 电子邮件地址及格式
    - 电子邮箱
  - 9. 计算机病毒及其防治
    - 计算机病毒的特征和分类
    - 计算机病毒的防治与清除

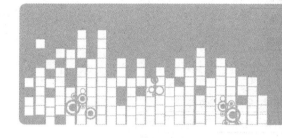

第 2 章
操作题高频考点

一、Word 操作题高频考点

	1. 设置文本格式	字体、字号、加粗、倾斜、字体颜色
	2. 设置段落格式	首行缩进与行间距、段前与段后、对齐方式
	3. 设置边框与底纹	边框
		底纹
		页面边框
	4. 设置页面对话框	页边距
		纸张方向
		纸张大小
	5. 设置填充效果	渐变、纹理、图案、图片
	6. 水印设置	
	7. 在文档中使用文本框	插入文本框
		文本框链接
Word 高频考点	8. 在文档中使用表格与美化表格	在文档中使用表格 — 插入表格 / 添加行与列 / 删除单元格 / 合并与拆分单元格或表格
		美化表格 — 设置表格边框 / 设置表格底纹
	9. 表格的计算与排序	
	10. 图片处理技术	图片格式的设置
		为图片设置透明色
	11. 创建 SmartArt 图形	
	12. 设置艺术字	
	13. 插入分栏符	
	14. 文档分页及分节	
	15. 设置文档页眉及页脚	
	16. 在文档中添加引用内容	
	17. 使用合并技术制作信封	
	18. 使用合并技术制作邀请函	

二、Excel 操作题高频考点

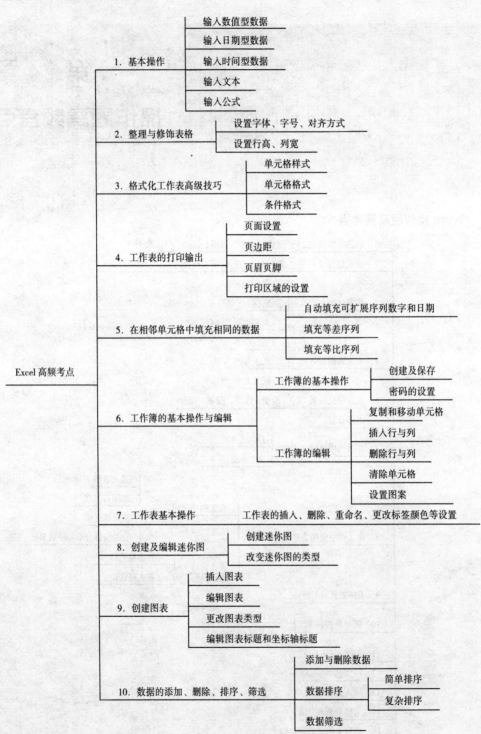

Excel 高频考点

1. 基本操作
- 输入数值型数据
- 输入日期型数据
- 输入时间型数据
- 输入文本
- 输入公式

2. 整理与修饰表格
- 设置字体、字号、对齐方式
- 设置行高、列宽

3. 格式化工作表高级技巧
- 单元格样式
- 单元格格式
- 条件格式

4. 工作表的打印输出
- 页面设置
- 页边距
- 页眉页脚
- 打印区域的设置

5. 在相邻单元格中填充相同的数据
- 自动填充可扩展序列数字和日期
- 填充等差序列
- 填充等比序列

6. 工作簿的基本操作与编辑
- 工作簿的基本操作
  - 创建及保存
  - 密码的设置
- 工作簿的编辑
  - 复制和移动单元格
  - 插入行与列
  - 删除行与列
  - 清除单元格
  - 设置图案

7. 工作表基本操作
- 工作表的插入、删除、重命名、更改标签颜色等设置

8. 创建及编辑迷你图
- 创建迷你图
- 改变迷你图的类型

9. 创建图表
- 插入图表
- 编辑图表
- 更改图表类型
- 编辑图表标题和坐标轴标题

10. 数据的添加、删除、排序、筛选
- 添加与删除数据
- 数据排序
  - 简单排序
  - 复杂排序
- 数据筛选

```
                                              ┌─ 创建分类汇总
                      11. 分组显示及分类汇总 ──┤
                                              └─ 创建分级显示

                      12. 数据透视表

                      13. 数据透视图

                                          ┌─ 使用公式的基本方法
Excel 高频考点 ──┤
                                          │                    ┌─ 求和函数 SUM
                                          │                    ├─ 条件求和函数 SUMIF
                                          │                    ├─ 多条件求和函数 SUMIFS
                                          │                    ├─ 绝对值函数 ABS
                                          │                    ├─ 向下取整函数 INT
                                          │                    ├─ 四舍五入函数 ROUND
                                          │                    ├─ 取整函数 TRUNC
                                          │                    ├─ 垂直查询函数 VLOOKUP
                                          │                    ├─ 逻辑判断函数 IF
                                          │                    ├─ 当前日期和时间函数 NOW
                      14. 使用公式与常用函数 │                    ├─ 函数 YEAR
                                          │                    ├─ 当前日期函数 TODAY
                                          │                    ├─ 平均值函数 AVERAGE
                                          │                    ├─ 条件平均值函数 AVERAGEIF
                                          └─ Excel 中常用函数 ──┼─ 多条件平均值函数 AVERAGEIFS
                                                               ├─ 计数函数 COUNT
                                                               ├─ 计数函数 COUNTA
                                                               ├─ 条件计数函数 COUNTIF
                                                               ├─ 多条件计数函数 COUNTIFS
                                                               ├─ 最大值函数 MAX
                                                               ├─ 最小值函数 MIN
                                                               ├─ 排位函数 RANK.EQ 和 RANK.AVG
                                                               ├─ 文本合并函数 CONCATENATE
                                                               ├─ 截取字条串函数 MID
                                                               ├─ 左侧截取字符串函数 LEFT
                                                               ├─ 右侧截取字符串函数 RIGHT
                                                               ├─ 删除空格函数 TRIM
                                                               └─ 字符个数函数 LEN
```

三、PowerPoint 操作题高频考点

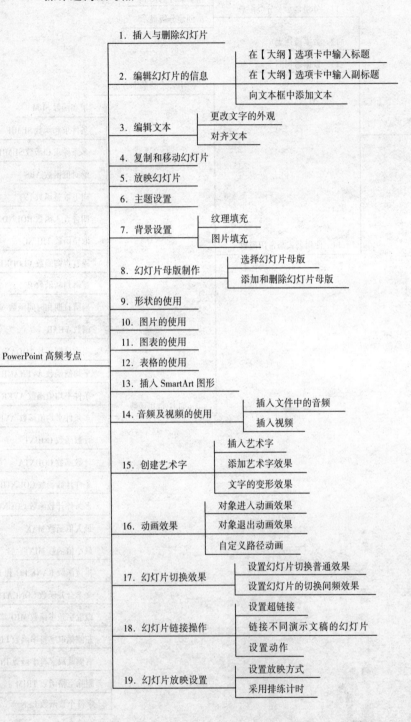

PowerPoint 高频考点

1. 插入与删除幻灯片

2. 编辑幻灯片的信息
- 在【大纲】选项卡中输入标题
- 在【大纲】选项卡中输入副标题
- 向文本框中添加文本

3. 编辑文本
- 更改文字的外观
- 对齐文本

4. 复制和移动幻灯片

5. 放映幻灯片

6. 主题设置

7. 背景设置
- 纹理填充
- 图片填充

8. 幻灯片母版制作
- 选择幻灯片母版
- 添加和删除幻灯片母版

9. 形状的使用

10. 图片的使用

11. 图表的使用

12. 表格的使用

13. 插入 SmartArt 图形

14. 音频及视频的使用
- 插入文件中的音频
- 插入视频

15. 创建艺术字
- 插入艺术字
- 添加艺术字效果
- 文字的变形效果

16. 动画效果
- 对象进入动画效果
- 对象退出动画效果
- 自定义路径动画

17. 幻灯片切换效果
- 设置幻灯片切换普通效果
- 设置幻灯片的切换间频效果

18. 幻灯片链接操作
- 设置超链接
- 链接不同演示文稿的幻灯片
- 设置动作

19. 幻灯片放映设置
- 设置放映方式
- 采用排练计时